電子情報通信レクチャーシリーズ C-14

電子デバイス

電子情報通信学会●編

和保孝夫 著

コロナ社

▶電子情報通信学会 教科書委員会 企画委員会◀

◉委員長	原 島 博	(東京大学名誉教授)
◉幹事 (五十音順)	石 塚 満	(東京大学教授)
	大 石 進 一	(早稲田大学教授)
	中 川 正 雄	(慶應義塾大学名誉教授)
	古 屋 一 仁	(東京工業大学名誉教授)

▶電子情報通信学会 教科書委員会◀

◉委員長	辻 井 重 男	(東京工業大学名誉教授)
◉副委員長	神 谷 武 志	(東京大学名誉教授)
	宮 原 秀 夫	(大阪大学名誉教授)
◉幹事長兼企画委員長	原 島 博	(東京大学名誉教授)
◉幹事 (五十音順)	石 塚 満	(東京大学教授)
	大 石 進 一	(早稲田大学教授)
	中 川 正 雄	(慶應義塾大学名誉教授)
	古 屋 一 仁	(東京工業大学名誉教授)
◉委員	122名	

(2013年3月現在)

「電子デバイス(電子情報通信レクチャーシリーズC-14)」 正誤表

刷数	頁	行・図・式	誤	正
1，2刷	11	9行目	$G_0R_L \ll 1$	$G_0R_L \gg 1$
1刷	76	図5.1(e)	電子の矢印の向きを逆に	
1刷	85	脚注下から3行目	$q\phi s$	ϕs
1刷	86	式(5.2)	V_{MS}	qV_{MS}
1刷	88	図5.8(b)	⊕と⊖が逆。	
1刷	122	図6.10(a)	βI_b	βI_B
1，2刷	140	式(7.8)	$= C_{ds}{}^N + C_{ds}{}^P + \cdots$	$= C_{DB}{}^N + C_{DB}{}^P$
1，2刷	142	3行目	$f = 2\tau_{pHL}$	$f = 1/(2\tau_{pHL})$
1刷	176	図9.3	電源の極性がすべて逆。	

①,②

最新の正誤表がコロナ社ホームページにある場合がございます。
下記URLにアクセスして[キーワード検索]に書名を入力して下さい。

http://www.coronasha.co.jp

刊行のことば

新世紀の開幕を控えた1990年代，本学会が対象とする学問と技術の広がりと奥行きは飛躍的に拡大し，電子情報通信技術とほぼ同義語としての“IT”が連日，新聞紙面を賑わすようになった．

いわゆるIT革命に対する感度は人により様々であるとしても，ITが経済，行政，教育，文化，医療，福祉，環境など社会全般のインフラストラクチャとなり，グローバルなスケールで文明の構造と人々の心のありさまを変えつつあることは間違いない．

また，政府がITと並ぶ科学技術政策の重点として掲げるナノテクノロジーやバイオテクノロジーも本学会が直接，あるいは間接に対象とするフロンティアである．例えば工学にとって，これまで教養的色彩の強かった量子力学は，今やナノテクノロジーや量子コンピュータの研究開発に不可欠な実学的手法となった．

こうした技術と人間・社会とのかかわりの深まりや学術の広がりを踏まえて，本学会は1999年，教科書委員会を発足させ，約2年間をかけて新しい教科書シリーズの構想を練り，高専，大学学部学生，及び大学院学生を主な対象として，共通，基礎，基盤，展開の諸段階からなる60余冊の教科書を刊行することとした．

分野の広がりに加えて，ビジュアルな説明に重点をおいて理解を深めるよう配慮したのも本シリーズの特長である．しかし，受身的な読み方だけでは，書かれた内容を活用することはできない．“分かる”とは，自分なりの論理で対象を再構築することである．研究開発の将来を担う学生諸君には是非そのような積極的な読み方をしていただきたい．

さて，IT社会が目指す人類の普遍的価値は何かと改めて問われれば，それは，安定性とのバランスが保たれる中での自由の拡大ではないだろうか．

哲学者ヘーゲルは，“世界史とは，人間の自由の意識の進歩のことであり，$\cdots$ その進歩の必然性を我々は認識しなければならない”と歴史哲学講義で述べている．“自由”には利便性の向上や自己決定・選択幅の拡大など多様な意味が込められよう．電子情報通信技術による自由の拡大は，様々な矛盾や相克あるいは摩擦を引き起こすことも事実であるが，それらのマイナス面を最小化しつつ，我々はヘーゲルの時代的，地域的制約を超えて，人々の幸福感を高めるような自由の拡大を目指したいものである．

学生諸君が，そのような夢と気概をもって勉学し，将来，各自の才能を十分に発揮して活躍していただくための知的資産として本教科書シリーズが役立つことを執筆者らと共に願っている．

なお，昭和55年以来発刊してきた電子情報通信学会大学シリーズも，現代的価値を持ち続けているので，本シリーズとあわせ，利用していただければ幸いである．

終わりに本シリーズの発刊にご協力いただいた多くの方々に深い感謝の意を表しておきたい．

2002年3月

電子情報通信学会 教科書委員会
委員長　辻　井　重　男

ま え が き

電子デバイスとは，電子の挙動を操ることにより，ある電気信号を用いて他の電気信号を制御するための装置である．特に本書では半導体を用いたトランジスタと，それを利用した集積回路に焦点を当てる．

トランジスタは団塊の世代とほぼ時を同じくして誕生し，既に還暦を過ぎた．発明当初予想もできなかった驚異的な進展を遂げ，今日の我々の日常生活になくてはならない物になっている．パーソナルコンピュータや携帯情報端末のみならず，家電製品や車でも必要不可欠な部品となっている．東日本大震災で半導体部品の生産中止に追い込まれたとき，操業を停止せざるを得なかった自動車工場のニュースを覚えておられる方も少なくないだろう．またインターネットのサーバやルータにも大量の半導体部品が使われている．

そもそもトランジスタや集積回路とは何か．どのように構成され，どのような機能を実現しているか，どのように利用されているか．物理現象から始めてデバイスの構造と機能，更に，集積回路への応用までを，できるだけ初学者にわかりやすく，基礎から説明することが本書の目的である．

本書を執筆するにあたっては，電子デバイスが現在置かれている状況を考え，何を学べば今後の新しい展開に対応できる基礎力が養えるのか，この点にも配慮した．これまでのトランジスタの発明から集積回路として進展する過程は，素子寸法の微細化による性能向上の追求であった．しかるに近年，トランジスタ寸法は原子スケールに近づき，専門家の間で微細化の限界が真剣に議論され始めた．更に，それを凌駕するための新しい技術展開の方向が模索されている．これまでの枠組みを超えた新しい芽も徐々に生まれつつある．これまでに蓄積された知見を整理して今後に備えるよい時機ではないか．本書を執筆するにあたり，まずこの現状認識が重要であると考えた．

一方で，電子デバイスへの期待も年代とともに変化してきた．高速計算から情報処理へ，更に，今後は持続可能社会，人に優しい社会の実現に大きな役割を果たすことが期待されている．「いかに作るか」から「いかに使うか」の比重が今後ますます高まって行くであろう．電気電子工学のエンジニアとして新しい社会の実現を目指し，革新的技術やサービスの開発を進めるとき，電子デバイスと無関係ということはあり得ない．そのため，将来，直接半導体産業に携わらないまでも，電子デバイスの基礎を学び，半導体を理解することは必須であると思われる．例えば我が国の総電力使用量の半分以上を占めるといわれるモータに対しても，電子デバイスを駆使したきめ細かい制御が省エネに有効なことは理解できる．また，人間の活動を様々な側面から支援するロボットが注目されているが，その制御にも電子デバイスは欠かせない．電子デバイスによる「グリーン化」である．

更にいえば，トランジスタを集積させた現在の半導体技術は，人類が手にした最高の英知の一つであるといえる．例えば，最先端の半導体製品で使われる回路を東京 23 区の広さに拡大すると，回路を構成するトランジスタや配線はセンチメートル刻みで制御された構造を持っている．それを設計し，実際に量産し，社会に大きなインパクトを与えているという事実は驚異的なことであろう．様々な科学技術が人類に与えてきたインパクトの中でも，最大規模であると言っても過言ではないと思われる．単純にそれだけを考えても，電子デバイスを学ぶ価値が十分にあるといえるのではないだろうか．

本書を執筆するにあたり多くの貴重な助言をいただきました古屋一仁先生（東京工業高等専門学校長，東京工業大学名誉教授），神谷武志先生（独立行政法人大学評価・学位授与機構，東京大学名誉教授）をはじめとする電子情報通信学会教科書委員会の皆様に感謝します．また編集にあたりコロナ社には大変お世話になりました．お礼申し上げます．

2013 年 1 月

和　保　孝　夫

目　　　次

1. 序　　　論

2. モデルデバイス

3. 半導体におけるキャリヤの挙動

4. pn　接　合

5. MOSFET

6. BJT

7.　CMOS 論理回路

8. メ　モ　リ

9. まとめと今後の展望

1 序　論

本章は，本書が対象とする電子デバイスの範囲と本書の構成を説明し，読者が本書を用いて電子デバイスを学習していく上での指針を与えることを目的とする．

1.1 対象とする電子デバイス

電子デバイスとは電子を利用して有用な機能を実現する仕掛けである．言い換えると電気信号を別の電気信号で制御する装置である．本書では図 **1.1** で示すように，トランジスタとそれを組み合わせて構成した集積回路について説明する．更に集積回路を組み合わせることでモジュールを構成し，それを組み合わせてコンピュータや携帯情報機器が実現できる．これらも含めて広い意味で電子デバイス，あるいは半導体デバイスと呼ばれることもあるが，実線で囲んだ狭い意味の電子デバイスを取り扱う．

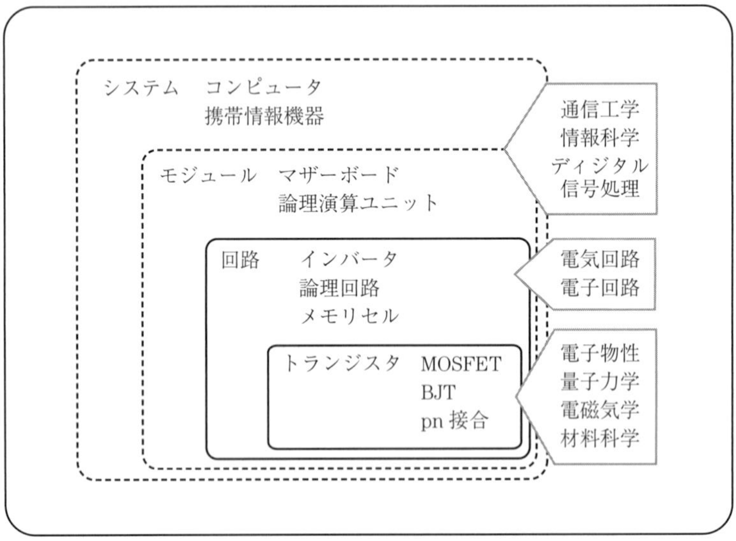

図 1.1　電子デバイスが関与する領域
（実線で囲んだ部分が本書の対象とする電子デバイスの範囲）

その他，広い意味で電子デバイスと考えてもよいが，本書の範囲外としたものには，発光/受光機能を持つ光デバイス，電力用素子（パワーデバイス），高周波デバイス，各種センサなどが含まれる．これらを直接取り扱ってはいないが，半導体を利用したこれらの素子を理解する上で，本書で説明する基本的事項が役立つはずである．

今日，情報は「0」,「1」というビットを単位にしてディジタルシステムで処理される．実際には，電圧，電流，電荷量，電界/磁界の強さなどの電気信号によって表現されることが多い．電子デバイスはこれらの電気信号を対象とする．情報を表現するのに電気信号を用いる理由はいくつかあるが，導体から絶縁体まで物質の電気伝導度が広い範囲に広がっていて，電気信号の経路を容易に制御できること，そして何といっても半導体を用いたトランジスタや集積回路の技術が発展したこと，を挙げることができる．

図 1.1 には本書の内容に関連する学問分野も合わせて示した．電子デバイスは半導体における電子現象を利用して電気信号を処理し，情報処理システムの構築に応用される．したがって，まず半導体とその中で起きる電子現象に関する知見が必要になる．電子のようなミクロな世界を記述する量子力学，半導体のように多数の電子が関与する現象を解明するための電子物性論，制御する信号と制御される信号との関わりを記述するための電磁気学，それぞれの分野が深く関わってくる．また，電子デバイスには高品質の半導体材料が必要であるため，それを取り扱う材料科学とも関連する．

一方システム側からの要求を満足するための複雑な機能を実現するには，トランジスタを組み合わせて回路を構成する必要がある．回路の分野では真空管時代から蓄積された多くの有用な知見があり，それを有効に利用することが必須となる．更に，近年，集積回路に搭載できるトランジスタの数が飛躍的に増大し，システム全体を集積回路の中に取り込むことも可能になっている．そのために，集積回路の開発には，通信工学や情報科学，ディジタル信号処理などの分野との密接な連携も必要になってきた．

このように，電子デバイスは広い分野と関わって発展してきたので，本書でもそれに関する最小限の説明をすることにした．しかし，すべてをカバーすることは本書の範囲を超えているので，読者は必要に応じて関連分野の知識を習得しながら，電子デバイスの学習を続けて欲しい．本来，技術には切れ目がなく，カリキュラム内の各科目間のギャップを埋めることは読者の皆さんの努力にかかっている．

1.2 本書の構成

本書の構成を図 **1.2** に示す．まず 2 章でモデルデバイスを導入し，トランジスタの概念を説明する．この部分は類書にはあまり見られない本書の特徴であり，何を実現しようとしていて，それはどのように応用できるかを，まず読者に知って欲しいために設けた．目標を明示することで，その後に引き続く章の理解を助けることを目的とする．

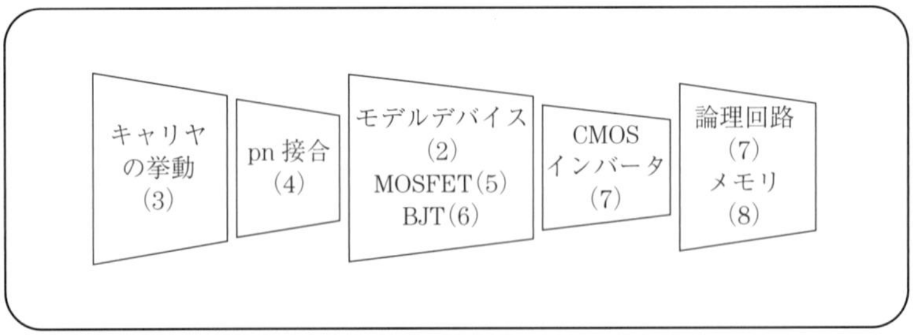

図 1.2　本書の構成（括弧内は章番号）

3 章では半導体の電気的な特性を説明する．電子デバイスが扱う電気信号は電流や電圧，時には電荷などの電気的な物理量で表現される．一方，電子デバイスの主要な部分は半導体で構成されているので，これらの物理量の相互関係を半導体の電気特性から導出しなければならない．そのために，半導体内部の電界と，電流の担い手となるキャリヤの挙動を正確に把握する必要がある．

4 章はトランジスタを構成する上でのキーとなる pn 接合について学ぶ．この章は，半導体の物性とデバイスの橋渡しをする部分である．5 章は電界効果型トランジスタ（MOSFET），6 章はバイポーラ接合トランジスタ（BJT）の説明にそれぞれ充てた．

7 章と 8 章は, 5 章で説明した MOSFET を用いた集積回路について説明する．まず, CMOS インバータについて MOSFET の特性に基づき説明する．引き続き CMOS 論理回路について述べる．8 章では論理回路と並んで重要なメモリ（記憶回路）について説明する．集積回路の特性が MOSFET の特性とどのように関わり合っているか，更にそれにはどのような物理現象が関与しているか，全体像を把握できれば，本書で目的とした電子デバイスの学習の目的はほぼ達成されたといってよい．

最後の9章では，それまでの説明を踏まえた章であり，個別に説明してきた事項が歴史的にどのように発展してきたのか，概略を説明する．各章で説明してきた事項がバラバラな物ではなく，密接な関連を持っていることを理解してもらい，電子デバイスの現状と技術的なトレンドを感じて頂ければありがたい．

1.3 学習の指針

本書を理解していく上でのポイントを**図1.3**に示す．特に電子デバイスでは，その構造を十分に理解した上で，その振る舞いを解析していくことが重要である．本書では，まず対象とする構造や構成を説明し，ついで，それがどう動作するのか，どう機能するのか定性的に言葉で説明する．最後に式や記号を用いて定量的な解説を展開する．

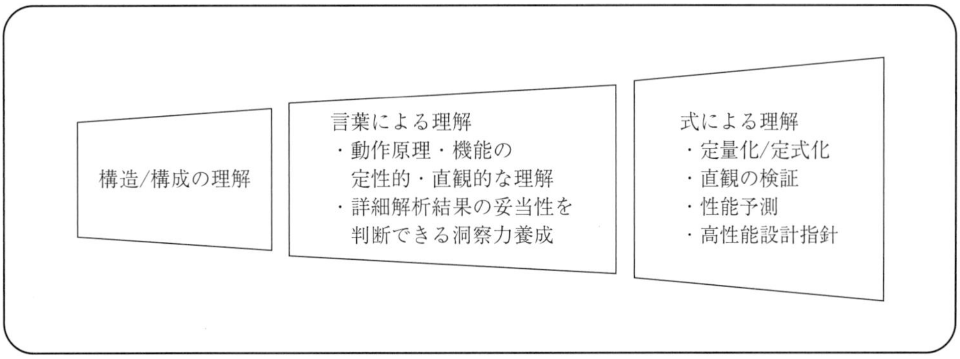

図1.3　理解の進め方

式による定量的な解析や定式化は，直観的な理解が妥当であることの検証になるし，性能予測や高性能化の設計指針を得るために必要である．一方，言葉による理解も重要である．式が解けると理解できた気持ちになるが，その式が意味することを言葉で理解しようとする努力が不可欠である．また，近年はコンピュータを用いた精密なシミュレーションも可能である．しかし，そのようにして得られた値が妥当であるか，慎重に吟味する必要がある．たとえパラメタを1桁間違えて入力したとしても，得られた結果を総合的に考察することで，その誤りに気づかなければいけない．そのためには，得られた結果が物理的に考えて不都合がないか，様々な知見を結集して考察を加える必要がある．そのときに言葉による理解を通じて得た洞察力が必須となる．

1回読んだだけでは，十分に理解しにくい部分があるかもしれない．しかし，全体の話は矛盾なく積み上げられているので，必要に応じて遡りながら読み進めることで，理解を深めることができよう．漠然と理解できないという段階から，理解できない部分を明確にしようとする努力を通して，少しずつ理解が進むことを期待している．極端なことを言えば，例えば，ノーベル賞受賞者が懸命に考えたことを，かみ砕いて説明しているのであるから，一読して理解できたとすれば，むしろその方が不思議なことかもしれない，と開き直ることも時には必要である．

2 モデルデバイス

電子デバイスとは，入力電気信号に対して所望の出力電気信号を得るための装置である．この章では，入力電圧によって電気伝導度が変わる「モデルデバイス」を想定し，その動作と応用例を説明する．具体的には，スイッチとして振る舞うモデルデバイスを用いたディジタル回路と，電圧制御電流源として振る舞うモデルデバイスを用いた簡単なアナログ回路について説明する．この考察を通して，実際の電子デバイスを学ぶ上での着眼点を明確にする．

2.1 モデルデバイスの動作

広い意味での電子デバイスには，さまざまな情報を担っている電気信号を対象として，その処理や通信を行うための部品や装置を含める場合が多い．しかし，この章では狭い意味の電子デバイスとしてのトランジスタを対象とする．その機能を**図 2.1** に概念的に示した．ここでは，このような素子のことを**モデルデバイス**と呼ぶことにする．モデルデバイスでは電圧 V_{SIG} を入力信号，電流 I_A を出力信号として利用する．すなわち，入力電圧 V_{SIG} で出力電流 I_A を制御することを想定する．そのために，モデルデバイスは入力電圧を印加するための制御電極と，出力電流が流れ込む陽極 A（anode），出力電流が流れ出る陰極 C（cathode）を持つ．V_{AC} は出力電流を流すための電源であり，その極性に基づき，陽極，陰極と名付けた．

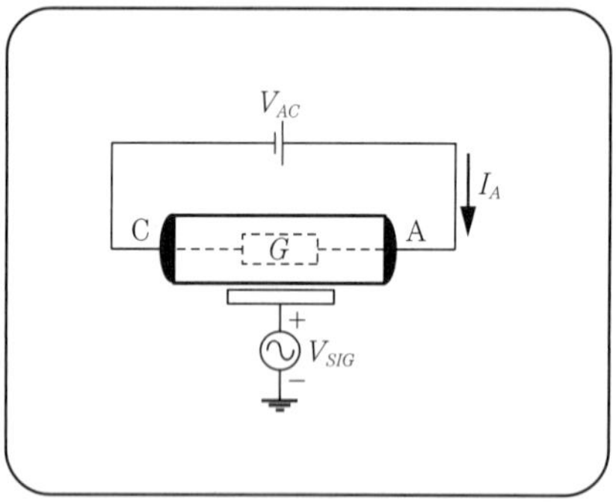

図 2.1　モデルデバイスの概念図

一般に，電圧の関数として電流を表すにはコンダクタンス G を用いる．すなわち

$$I_A = G(V_{SIG}, V_{AC})V_{AC} \tag{2.1}$$

と書くことができる．ここで，G は V_{SIG} と V_{AC} の関数であると仮定した．もし

$$G(V_{SIG}, V_{AC}) = G_0 \equiv \frac{1}{R_0} \tag{2.2}$$

ならば

$$I_A = G_0 V_{AC} = \frac{V_{AC}}{R_0} \tag{2.3}$$

であり，このデバイスは抵抗値 R_0 を持つ普通の抵抗として機能する．

入力電圧 V_{SIG} で出力電流 I_A を制御するためには，コンダクタンス G が入力電圧 V_{SIG} の関数であることが必要である．このようなモデルデバイスをどのような材料を組み合わせて，どのような構造で実現できるのか，そのときにどのような性能を持つのか，更に，それを用いて複雑な機能をどのように実現するのか，を解説していくことが本書の主題である．具体的な詳細は以下の章に譲るとして，この章では，もしこのようなデバイスがあったとして，その効果的な使い方を考え，必要な機能を実現する上でのポイントを説明することで，電子デバイスを学ぶ上での着眼点を明確にしたい．

2.2 ディジタル回路への応用

2.2.1 スイッチとしてのモデルデバイス

まず，モデルデバイスのコンダクタンスが

$$G(V_{SIG}, V_{AC}) = G(V_{SIG}) = \begin{cases} 0 & (V_{SIG} < V_T \text{のとき}) \\ G_0 & (V_{SIG} \geqq V_T \text{のとき}) \end{cases} \tag{2.4}$$

で与えられる場合を考えてみよう．入力電圧が V_T より小さいときには素子に電流が流れず，V_T より大きいとコンダクタンス G_0 を持つため，素子に電流が流れる．すなわち

$$I_A = \begin{cases} 0 & (V_{SIG} < V_T \text{のとき}) \\ G_0 V_{AC} & (V_{SIG} \geqq V_T \text{のとき}) \end{cases} \tag{2.5}$$

と書ける．ここで V_T は入力電圧に対する**しきい値**と呼ばれる．

モデルデバイスが式 (2.4) を満足するとき，その回路は**図 2.2** (a) に示したように，スイッチと G_0 の直列接続として表すことができる．スイッチは $V_{SIG} < V_T$ では開放（OFF）で $I_A = 0$，$V_{SIG} \geqq V_T$ で短絡（ON）となり，回路に電流 I_A が流れる．

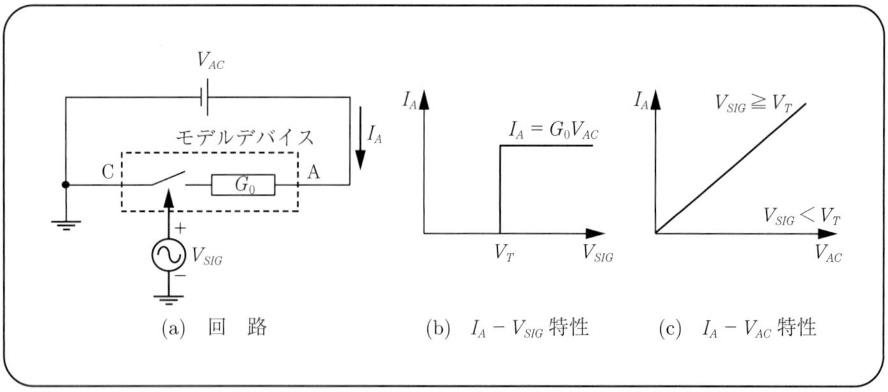

図 2.2　スイッチとして動作するモデルデバイス

2.2.2　NOT　回　路

このモデルデバイスはディジタル回路の基本素子として使うことができる．その一つの例を**図 2.3** (a) に示す．この図に示す回路は，入力信号に対してその論理否定（NOT）に相当する信号を出力するため，**インバータ**または **NOT 回路**と呼ばれる．入力電圧 V_{IN} が $V_{IN} < V_T$ を満足するとき $I_A = 0$ であり，抵抗 R_L の端子間の電圧降下はないため $V_{OUT} = V_1$ となる．一方，$V_{IN} \geqq V_T$ のときはスイッチが閉じ，電流 I_A が流れるため

$$V_{OUT} = V_1 - I_AR_L = V_1 - G_0V_{OUT}R_L \tag{2.6}$$

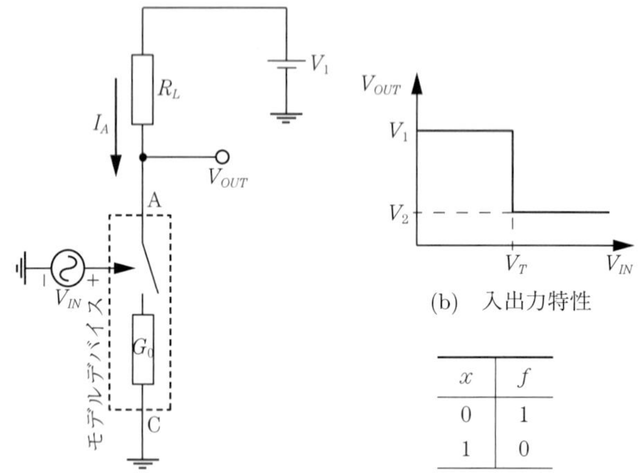

x	f
0	1
1	0

(c)　真理値表

図 2.3　モデルデバイスを用いたインバータ（**NOT** 回路）

であり，V_{OUT} について解くと

$$V_{OUT} = \frac{V_1}{1 + G_0 R_L} \equiv V_2 \tag{2.7}$$

を得る．出力電圧は電源電圧 V_1 を R_L と G_0^{-1} で分圧した値となる．したがって，図 (b) に示すような入出力特性が得られる．

図 (c) には NOT 論理の真理値表を示す．f が x の論理否定を表す．今の場合，論理値「0」を V_2，「1」を V_1 にそれぞれ対応させ†，しきい値 V_T を V_1 と V_2 の間に選ぶことで，論理否定の機能を実現できる．V_{IN} が x，V_{OUT} が f を表す．実際の回路では雑音の影響を受ける場合もあることを考えると，回路が安定に動作するためには，V_1 と V_2 の差が大きければ大きいほどよい．式 (2.7) によれば，もし $G_0 R_L \ll 1$ なら出力 V_2 は 0 になるから，理想的なインバータ回路が得られることになる．

2.2.3 NAND 回路と NOR 回路

次に，基本的な論理演算である NAND と NOR をモデルデバイスで実現する方法について説明する．NAND と NOR は，それぞれ AND と OR の出力を否定した値を出力する．2 入力 x と y を持つ NAND 及び NOR の出力 f は真理値表（**表 2.1**）で与えられる．f の「0」と「1」を入れ替えれば（否定をとれば）それぞれ AND と OR になることが確認できる．

表 2.1　NAND 回路と NOR 回路の真理値表

(a) NAND 回路

x	y	f
0	0	1
0	1	1
1	0	1
1	1	0

(b) NOR 回路

x	y	f
0	0	1
0	1	0
1	0	0
1	1	0

二つのモデルデバイスを用いて構成した **NAND 回路**と **NOR 回路**を図 **2.4** に示す．モデルデバイスのコンダクタンスが式 (2.4) を満足するとき，NAND 回路では

$$V_{OUT} = \begin{cases} V_1 & (V_X < V_T \text{または} V_Y < V_T \text{のとき}) \\ 0 & (V_X \geqq V_T \text{かつ} V_Y \geqq V_T \text{のとき}) \end{cases} \tag{2.8}$$

NOR 回路では

$$V_{OUT} = \begin{cases} V_1 & (V_X < V_T \text{かつ} V_Y < V_T \text{のとき}) \\ 0 & (V_X \geqq V_T \text{または} V_Y \geqq V_T \text{のとき}) \end{cases} \tag{2.9}$$

† 論理値と物理量（この場合は電圧）の対応のさせ方には，この逆に論理値「0」を V_1，「1」を V_2 とする方法もある．このような対応方法は**負論理**と呼ばれる．これに対して本文中の対応方法は**正論理**と呼ばれる．

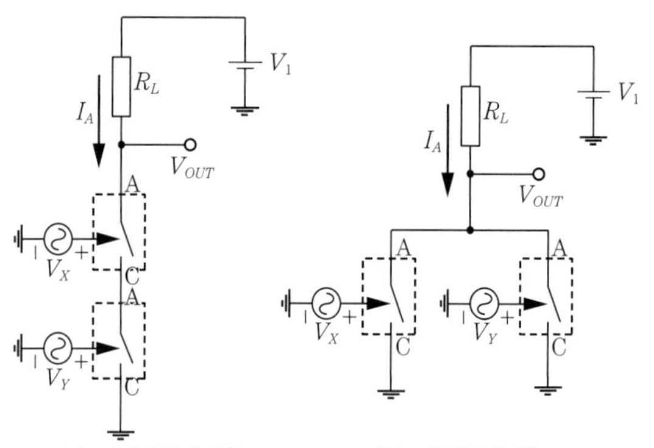

図 **2.4**　スイッチとして動作するモデルデバイスを用いた回路

が成り立つ．ただし，$G_0 \to \infty$ を仮定した．これの結果と真理値表（表 2.1）とを見比べれば，NOT 回路と同様に，論理値「0」を 0 V，「1」を V_1 とすることで NAND 及び NOR 論理を実現できることがわかると思う．

2.3 アナログ回路への応用

2.3.1 電圧制御電流源

次に

$$G(V_{SIG}, V_{AC}) = G_m \frac{V_{SIG}}{V_{AC}} \tag{2.10}$$

の場合を考えてみよう．このとき

$$I_A = G_m \frac{V_{SIG}}{V_{AC}} V_{AC} = G_m V_{SIG} \tag{2.11}$$

が成立する．この式は，電源 V_{AC} とは無関係に，入力電圧 V_{SIG} で決まる電流 I_A が回路に流れることを意味している．図 **2.5** に回路と伝達特性を示す．

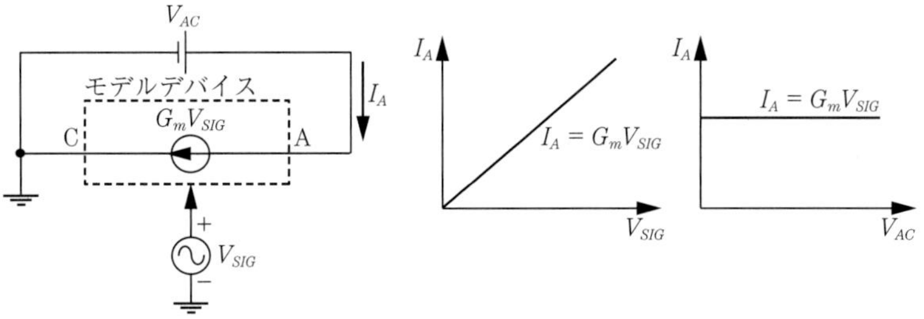

(a)　回　路　　(b)　伝達特性　　(c)　出力特性

図 2.5　電圧制御電流源としてのモデルデバイス

このように，電流源ではあるが，その値を外部電圧で制御できるものを電圧制御電流源と呼ぶ．伝達特性とは，入力の変化がどのように出力に伝達されるのかを示す．このモデルデバイスを用いると，**図 2.6** に示す増幅器を作ることができる．モデルデバイスに接続された負荷抵抗 R_L 及び電源 V_1 の値とは無関係に，回路を流れる電流 I_A が入力電圧 V_{SIG} で決まることがポイントである．G_m を**相互コンダクタンス**と呼ぶ．コンダクタンスは電圧変化に対する電流の変化の割合を示し，通常は抵抗の逆数に等しいとされる．しかし，それは対象とする電流がその原因となる電圧源を流れる場合に成り立つことであって，今の場合は変化する電流がその原因となっている電圧源を流れていないことに注意する必要がある．このことを明示的に示すために相互コンダクタンスと呼ぶ．

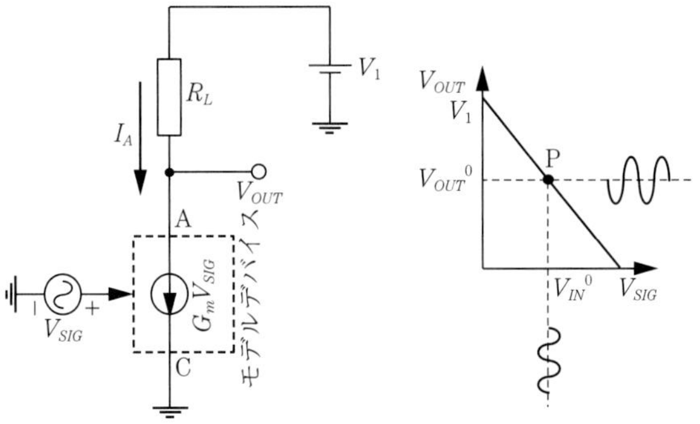

(a)　回　路　　(b)　入出力特性

**図 2.6　電圧制御電流源としてのモデルデバイス
を用いた増幅器**

2.3.2 増幅器の電圧利得

この回路を増幅器として用いるには，まず図 2.6 (b) の入出力特性上に動作点 P を定める．動作点の座標を（${V_{IN}}^0$, ${V_{OUT}}^0$）とする．今，入力電圧として，${V_{IN}}^0$ を中心とする小さな振幅 v_{in} を持つ正弦波

$$V_{SIG} = V_{IN} = {V_{IN}}^0 + v_{in} \sin \omega t \tag{2.12}$$

を考える．このときの出力 V_{OUT} は

$$V_{OUT} = V_1 - I_A R_L = V_1 - G_m V_{SIG} R_L \tag{2.13}$$

$$= V_1 - G_m({V_{IN}}^0 + v_{in} \sin \omega t) R_L \tag{2.14}$$

と求まる．もし，出力を

$$V_{OUT} \equiv {V_{OUT}}^0 + v_{out} \sin \omega t \tag{2.15}$$

と書くことにすれば

$${V_{OUT}}^0 = V_1 - G_m {V_{IN}}^0 R_L \tag{2.16}$$

$$v_{out} = -G_m v_{in} R_L \tag{2.17}$$

が成り立ち，出力も ${V_{OUT}}^0$ を中心とする振幅 v_{out} を持つ正弦波となる．

入力と出力における正弦波の振幅の比 A_V は

$$\boxed{A_V \equiv \frac{v_{out}}{v_{in}} = -G_m R_L} \tag{2.18}$$

と書ける．右辺の負号は入力と出力で位相が 180 度だけ異なることを意味している．これは**電圧利得**（または電圧ゲイン）と呼ばれ，入力振幅がその絶対値だけ増幅されて出力されることを意味する．電圧利得が大きければ大きいほど，増幅器としては優れた性能を持っていると考えることができる．式 (2.18) によれば，大きな電圧利得を実現するには，相互コンダクタンス G_m または負荷抵抗 R_L を大きくすればよいことがわかる．このように相互コンダクタンスは回路の性能を決める重要なパラメタであるといえる．

2.3.3 電流利得と高周波特性

最後に，デバイスの高周波特性を考えてみよう．ワイヤレス通信では数百 MHz から数 GHz の高い周波数の電気信号が用いられるので，利用するトランジスタもこのような高周波で動作する必要がある．デバイスの高周波動作を解析する場合には，デバイスに付随する容量成分を考慮に入れる必要がある．多くの場合，これらの容量はデバイスの物理的な構造に起因し寄生的に存在するので，**寄生容量**と呼ばれることが多い．今，図 **2.7** に示すような容量 C_A,

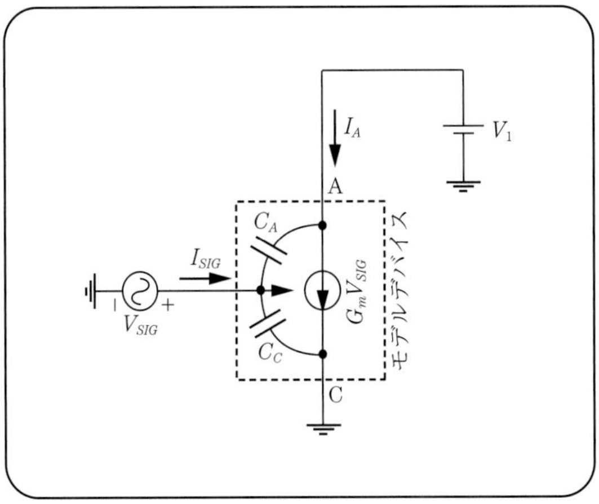

図 **2.7** 寄生容量を含むモデルデバイス

C_C を伴ったモデルデバイスを考えてみよう．

容量 C に蓄積された電荷量 Q，端子間の電圧 V と容量に流れる電流 I の間には

$$I = \frac{dQ}{dt} = C\frac{dV}{dt} \tag{2.19}$$

が成立することを思い出せば，増幅器のときのように入力電圧を

$$V_{SIG} = {V_{IN}}^0 + v_{in}\sin\omega t \tag{2.20}$$

としたとき，入力電流 I_{SIG} は

$$I_{SIG} = C_A\frac{d(V_{SIG} - V_1)}{dt} + C_C\frac{dV_{SIG}}{dt} \tag{2.21}$$

$$= (C_A + C_C)\frac{dV_{SIG}}{dt} = \omega(C_A + C_C)v_{in}\cos\omega t \equiv i_{in}\cos\omega t \tag{2.22}$$

と書き表すことができる．ここで，それぞれの容量は電圧に依存しないことを仮定した．この式は入力電流の信号成分を表している．

一方，出力側の電流 I_A は電流源 G_mV_{SIG} と容量 C_A に流れ込む電流の和に等しいから

$$I_A = G_mV_{SIG} + C_A\frac{d(V_1 - V_{SIG})}{dt} \tag{2.23}$$

$$= G_m({V_{IN}}^0 + v_{in}\sin\omega t) - \omega C_A v_{in}\cos(\omega t) \cong I_{A0} + i_{out}\sin\omega t \tag{2.24}$$

と書ける．すなわち，出力電流は一定のバイアス電流 $I_{A0}(\equiv G_m{V_{IN}}^0)$ と信号成分 $i_{out}\sin\omega t$ からなる．ここで，相互コンダクタンス G_m が十分に大きいとして，式 (2.24) の cos の項を無視した．入出力電流の信号成分の振幅の比である**電流利得**（電流ゲイン）A_I は

$$A_I \equiv \frac{i_{out}}{i_{in}} = \frac{G_m}{\omega(C_A + C_C)} \tag{2.25}$$

と書くことができる．A_I は，周波数（角周波数 ω）の増加に伴い，その逆数に比例して減少する．すなわち，周波数が高くなると増幅器としては動作しなくなることがわかる．A_I が 1 まで減少したときの周波数を**ユニティゲイン周波数** f_T と呼ぶ．$\omega = 2\pi f$ であることに注意すると，式 (2.25) から

$$f_T = \frac{G_m}{2\pi(C_A + C_C)} \tag{2.26}$$

を得る．高周波で十分な増幅機能を実現するためには，想定している周波数より f_T が十分に高い必要がある．ここでも，相互コンダクタンス G_m が大きいデバイスが高周波動作に有利であることがわかる．また，寄生容量 C_A，C_C は小さいことが高周波動作を実現する上では望ましいこともわかる．

本章のまとめ

電圧入力，電流出力を持つモデルデバイスを導入し，回路への応用例を説明した．

❶ しきい値電圧より入力電圧が大きいときに一定のコンダクタンスを持つモデルデバイスを用いてディジタル回路を構成できる．その例として，NOT 回路（インバータ），NOR 回路，NAND 回路を示した．

❷ 出力電流が入力電圧に比例するモデルデバイスを用いてアナログ回路を構成できる．出力電流と入力電圧の比を相互コンダクタンスと呼ぶ．相互コンダクタンスが大きいほど電圧利得は大きい．

❸ 素子の端子間に容量は素子の高周波特性に影響を与える．優れた高周波特性を得るには，相互コンダクタンスを大きく，容量を小さくする必要がある．

●理解度の確認●

問 2.1　相互コンダクタンスの，「相互」の意味は何か？（通常のコンダクタンスと何が違うか？）

問 2.2　5 章，6 章が終わった後でこの章に戻り，モデルデバイスがどのような構造で実現されているか検証せよ．

3 半導体における キャリヤの挙動

電子デバイスは半導体と金属（導体），絶縁体を巧みに組み合わせることで実現される．特に，電子デバイスが適切に動作するための重要な部分には半導体が用いられる．したがって，半導体の電気的性質（電子物性）に関する正しい理解が，デバイス動作を考えていく上で極めて重要になる．この章では，半導体の電子物性，特に，電流の担い手であるキャリヤの挙動について説明する．

本来，電子の挙動は，ナノスケールの物理現象を支配する量子力学で記述されるが，本書では，デバイス動作の理解に必要な概念に焦点を絞り，量子力学的な記述は必要最小限にとどめる．この説明の流れに上手く乗ることが，電子デバイスを理解する上での第一歩となる．

3.1 物質の電気伝導度

電子デバイスは電気伝導度の異なる物質，すなわち導体，絶縁体，及び半導体を組み合わせることで構成されている．**電気伝導度** σ は電気の流れやすさを表す指標である．また**抵抗率** ρ はその逆数として定義される．**図 3.1** に示すような，断面積 S，長さ l の物体の抵抗を R とすると

$$R = \frac{1}{\sigma}\frac{l}{S} = \rho\frac{l}{S} \tag{3.1}$$

が成り立つ．電気伝導度は，図 3.1 に示すように物質により大きく異なる．ゲルマニウム（Ge）やシリコン（Si）などのように，導体と絶縁体の中間の電気伝導度を持つ物質を半導体と呼び，含まれる不純物の種類や濃度によりそれが大きく変化することが特徴である．

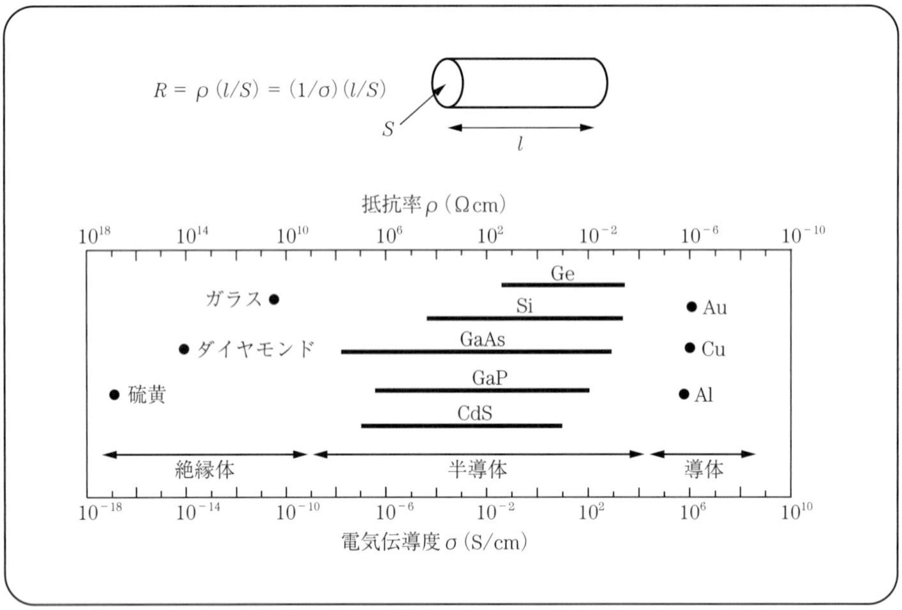

図 3.1　物質の電気伝導度

物体を構成する原子は原子核と電子からなることはよく知られている．電流は物質中の電荷の移動であるから，原子を構成している電子が物質中を自由に動き回ることができれば，その物質は導体として振る舞う．例えば金属の場合は**図 3.2** (a) で示すように，原子に含まれる電子の中の一部が金属原子全体で共有されていて，それらの電子が自由に金属中を動き回

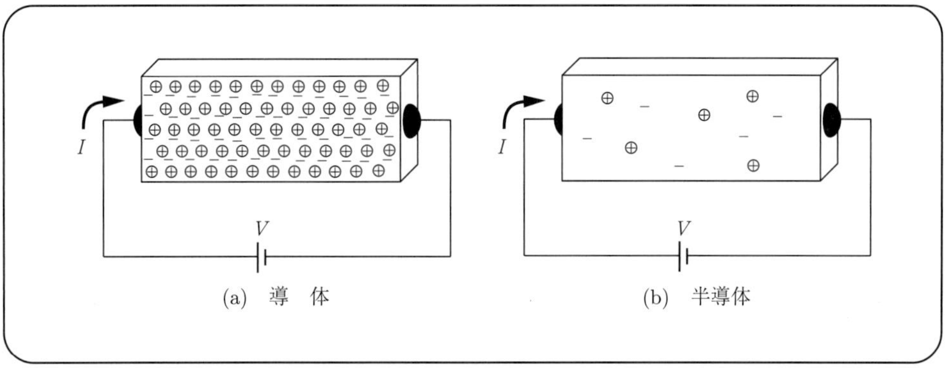

図 **3.2** 導体と半導体における電荷
(⊕ は固定されていて動けないイオン，− は動ける電子を表す．)

ることができる．このため高い電気伝導度が得られる．一方，絶縁体では電子が存在するものの，それが原子内に強く束縛されていて，物質中を自由に動き回ることができない．このため，電気伝導度が低い．例えば食塩（NaCl）では，Na から一つの電子が Cl に移動し，それぞれが陽イオンと陰イオンとなり，クーロン力で結合することで結晶になっており，結晶中を自由に動き回ることができる電子は存在しないため絶縁体として振る舞う．

このように考えると，半導体が導体と絶縁体との中間の電気伝導度を有するという事実は，半導体中で自由に動き回ることができる電子が存在するものの，導体と比較してその数が少ないためであると考えられる．そのイメージを図 (b) に示す．原子に含まれる電子の内の一部が元の原子から離れて自由に動くが，その数が金属と比較して少ないことを表している．半導体の例としてシリコン（Si）を考えてみよう．Si 原子自体はすべて同じであるから，その内の一部が電子を放出し，残りは電子を束縛している，と考えるのは不思議な気がするかもしれない．そのメカニズムについてこれから詳しく述べる．

3.2 結晶構造とエネルギーバンド

3.2.1 シリコン原子

まず Si の原子構造を考えてみる．**表 3.1** の元素周期律表（短周期表現）に示すとおり Si の原子番号は 14 で，原子核とその周囲に存在する 14 個の電子から Si 原子が構成されている．量子力学によれば，**図 3.3** (a) に示したように，これら 14 個の電子それぞれに許された

表 3.1　周期律表

I	II	III	IV	V	VI	VII	VIII
H							He
Li	Be	B	C	N	O	F	Ne
Na	Mg	Al	Si	P	S	Cl	Ar
K	Ca	Ga	Ge	As	Se	Br	Kr

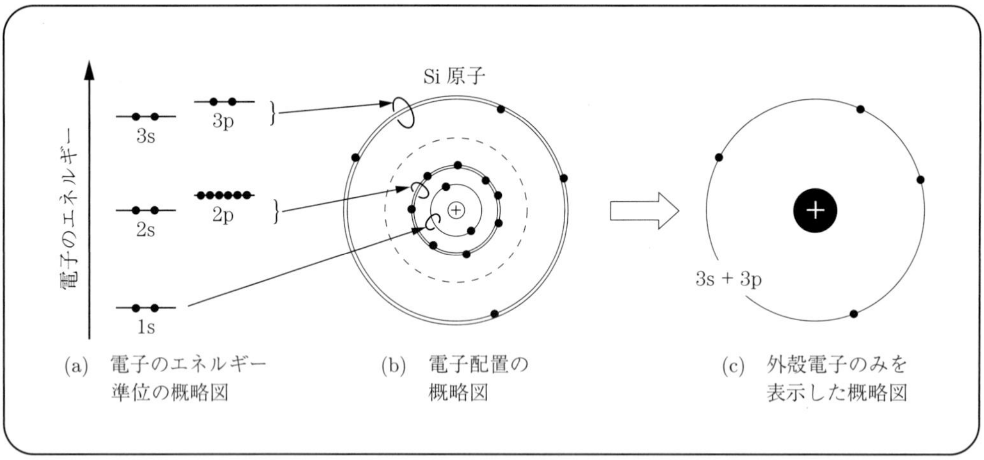

図 3.3　シリコン原子の構造

エネルギー状態が決まっている．エネルギーの低い状態から順に 1s，2s，2p，3s，3p と呼ばれていて，それぞれの状態は，2 個，2 個，6 個，2 個，6 個の電子を収容することができる．14 個の電子をエネルギーの低い状態から順に詰めていくと，3p 状態に 2 個の電子を収容した状態で 14 個の電子状態がすべて決定される．このとき，3p 状態には更に 4 個の電子を収容できる状態にある．

原子核に電子が近いほど原子核から電子が受ける引力は強く，電子が強く束縛されている．図 (b) に示すように，破線円内の 1s から 2p までのエネルギー状態がそれに対応する．これらの電子は**内殻電子**と呼ばれ，物質の化学的な性質には大きく関与しないことが知られている．これに対して 3s と 3p の電子は原子核から離れた領域に分布し，原子への束縛も比較的弱い．これらの電子は**外殻電子**と呼ばれ，化学結合に深く関わり，物質の化学的な特徴を決める要因になっている．そこで図 (c) に示すとおり，破線円内の内殻電子を原子核と一体化して陽イオンで表し，4 個の外殻電子だけを残して Si 原子を表すことにする．

3.2.2 シリコン結晶

さて，電子デバイスや集積回路で利用される Si 基板は，多数の Si 原子が集まり，規則正しく配列した Si 結晶である．Si が結合して結晶になるとき 4 個の外殻電子が重要な役割を果たす．前述のように 3p 状態は六つの電子を収容できる．つまり 4 個の空き状態があり，これらがすべて電子で占有されると安定した状態になる．図 **3.4** に示したとおり，隣り合った Si 原子が外殻電子を共有し合うことで，それぞれの Si 原子の 4 個の空き状態が埋まり，安定した化学結合が実現する．このような化学結合は**共有結合**と呼ばれる．また，この構造では，電子 2 個からなる電子対がそれぞれの原子同士を結んでいると考えることができ，このような電子対のことを**ボンド**と呼んでいる．

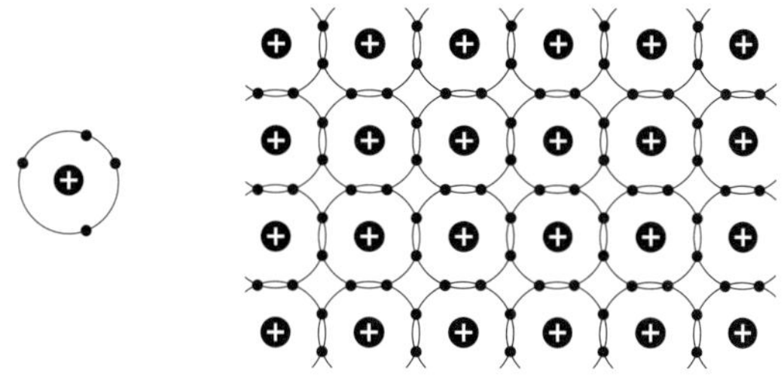

(a)　シリコン原子　　(b)　シリコン結晶

図 3.4　シリコン原子とシリコン結晶

図 3.4 では Si 原子が 2 次元的に配置されているように描いたが，実際には 3 次元的な立体構造を持っている．電子は負の電荷を持っていて，クーロン斥力によりそれらが互いに反発し遠ざけあうため，正四面体の中心と各頂点を結ぶ線上に四つの電子が存在する．このように，Si 原子が互いに電子を共有しあいながら構成された結晶の構造を図 **3.5** (a) に示す．例えば A の Si 原子は，正四面体を構成する四つの Si 原子，すなわち B_1，B_2，B_3，及び O，で囲まれている．図中に示したどの Si 原子でも同様のことが言えることに注意して欲しい．このような結晶構造を**ダイヤモンド構造**と呼ぶ．これは，周期律表で Si のすぐ上にある C（炭素）が同じく 4 個の外殻電子を持ち，全く同じ構造の結晶になったものがダイヤモンドであることに由来する．

図 3.5 (a) をよく観察すると，A の Si 原子は O の Si 原子を G の方向に $(1/4)\overline{OG}$ だけ移動した位置にあることがわかる．同様の関係は B_1 と D_1，B_2 と D_2，B_3 と D_3 についても成り立つ．このように結晶の周期構造の特徴を抽出するのであれば，これらの対を一方の原

子で代表させてよいことになる．図 3.5 (b) はこのようにして描いた図であり，立方体の頂点と，各側面の中心に代表点が配置されている構造であることから**面心立方格子**と呼ばれる．

結晶の方位は**ミラー指数**を用いて表すのが一般的である．図 (a) で O から C_1 の方向を $< 100 >$，F_1 の方向を $< 110 >$，G の方向を $< 111 >$ と呼ぶ．**図 3.6** (a)~(c) に示すように，ダイヤモンド構造は見る方向によって全く違って見える．すなわち $< 100 >$ 方向で見ると正方形，$< 110 >$ では六角形，$< 111 >$ では正三角形が周期的に並んでいるように見える．

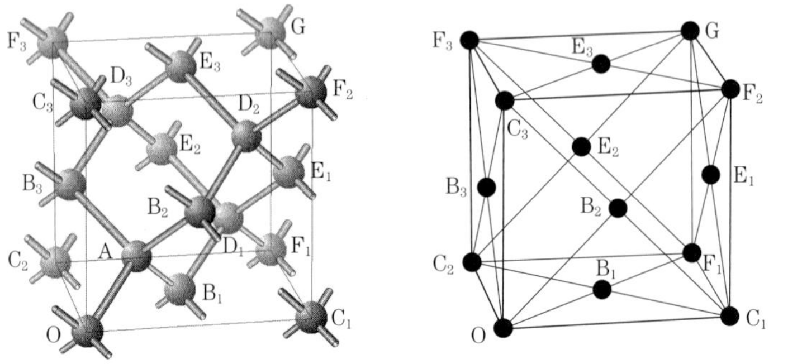

(a)　ダイヤモンド構造の原子配置　　(b)　面心立方格子

図 3.5　ダイヤモンド構造の原子配置と面心立方格子

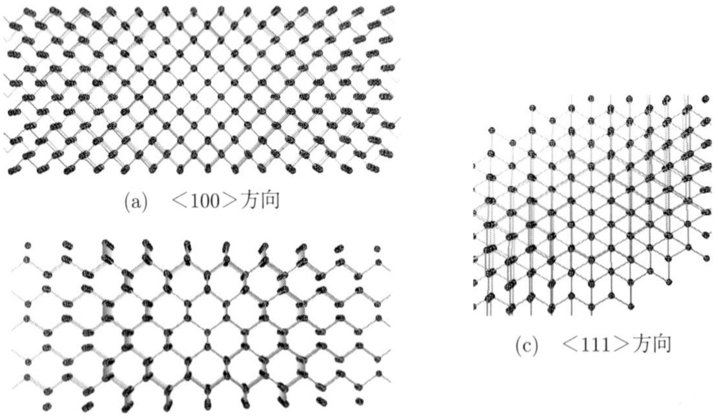

(a)　$<100>$方向

(b)　$<110>$方向

(c)　$<111>$方向

図 3.6　ダイヤモンド構造の見え方の違い

談　話　室

ダイヤモンド構造　ダイヤモンド構造にヒントを得て創作された「ダイアモンド構造」という作品がある．**図 3.7** で示したように，万歳のように両手を挙げて，前後に開いた人の脚を支えるようにして，多くの人を立体的に配置した作品である．器械体操のようであるが，もちろん実際には実現できそうもない．結晶構造が芸術作品の題材になっているところが大変興味深い．

「ごま」を地球の大きさに拡大した場合に相当

後藤良二作「ダイアモンド構造」1977 年
美ヶ原高原美術館　収蔵

図 3.7　「ダイヤモンド構造」

3.2.3　エネルギーバンド

Si 結晶における電子のエネルギー状態を考えてみよう．ここでは特に結合に寄与する外殻電子に注目してみる．これらの電子は元々それぞれの原子の 3s と 3p のエネルギー状態にあったものである．原子が集まって結晶になると，**図 3.8** に示したとおり，これらの離散的なエネルギー値が帯（バンド）状に広がることが知られている．このようなエネルギー構造を**バンド構造**と呼ぶ．詳細は量子力学の専門書に譲るが，直感的に説明すると以下のようになる．パウリの排他律によれば，多数の電子が同じ量子力学的状態（ここでは 3s と 3p のエネルギー状態）をとることは許されない．そこで Si 原子が多数集まった結晶では，元々の 3s

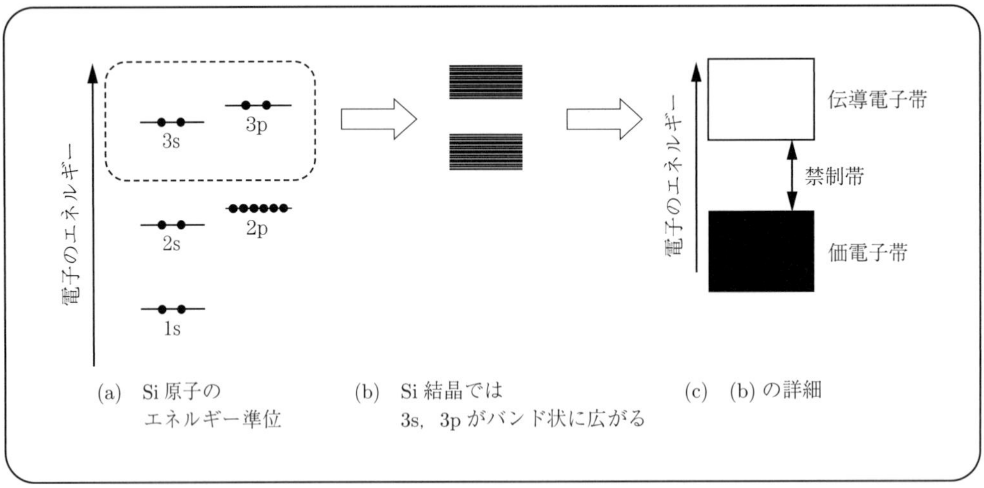

図 3.8　Si 結晶のエネルギーバンド

と 3p の状態がエネルギー値の僅かに異なる多数の状態に別れ，Si 原子の外殻電子がそれらの状態に収容される．

一方，量子力学によれば，物体は波の性質と粒子の性質を同時に併せ持っている．Si 結晶中の電子も例外ではない．波の性質として重要な性質に干渉があり，結晶のように周期的な構造中の電子波には顕著な干渉効果が現れ，互いに打ち消しあったり，強めあったりする．ある状態に相当する波が打ち消しあうことは，その状態に電子が存在することができないことを意味する．あえて存在しようとしても，波の打ち消しあいにより電子が消滅してしまうからである．ちなみに，原子の中で離散的なエネルギー状態しか電子が許されないのもこの性質によると解釈できる．結晶でも全く同様に，帯（バンド）状に広がったエネルギー状態の間に，電子が存在できない状態が出現する．電子が存在できる状態を**許容帯**，存在できない状態を**禁制帯**と呼ぶ．

Si では，エネルギーが低い状態から順に電子を詰めていくと，ある許容帯が一杯になったところで詰め終わり，禁制帯を挟んでそれより上の許容帯には電子が全く存在しないという電子配置になる．すなわち，図 3.8 に示したように，電子で完全に占有された許容帯と，禁制帯を挟んで，全く電子が存在していない許容帯ができる．前者を**価電子帯**，後者を**伝導電子帯**，その間の禁制帯を**エネルギーギャップ**と呼ぶ．Si ではエネルギーギャップの幅が 1.1 eV であることが知られている．ここで eV とはエネルギーの単位で，1 eV は電子が 1 V の電位差で加速されたときに得る運動エネルギー（$1\,\mathrm{eV} = 1.6 \times 10^{-19}\,\mathrm{J}$）に等しい．以下で説明するように，このバンド構造が Si の半導体的な性質に本質的に関わってくる．

電子のエネルギー状態を記述したバンド図は物質の電気的性質と大きく関わっている．このことを理解するためには，電流が流れるということは電子が動くことであり，運動エネルギーという形で電子のエネルギーが増加しなければならないことに注意する必要がある．今，電流を流そうとして価電子帯にある電子を動かすことを考えてみよう．このとき電子のエネルギーが増加しなければならない．しかし，図3.8(c)に示した禁制帯がそれを妨げる．すなわち，動くために必要な運動エネルギーを電子に与えようとしても，価電子帯のすぐ上のエネルギー状態は許されていないので，小さいエネルギーでは価電子帯にある電子を移動させることはできない．

もし，何らかの手段でエネルギーギャップの値（1.1 eV）より大きなエネルギーを電子に与えることができれば，**図3.9**に示すように，電子は価電子帯から伝導電子帯へ移ることができる．これをバンド間の**遷移**と呼ぶ．特に，この場合はエネルギーが低い状態から高い状態へ遷移するので**励起**と呼ぶ．ひとたび伝導電子帯に励起された電子は半導体の中を自由に動き回ることができる．そのような電子に対しては，僅かに大きいエネルギーを持った状態でもとることが許されるからである．すなわち，伝導電子帯にいる限り，電子は自由に結晶内を移動することができる．

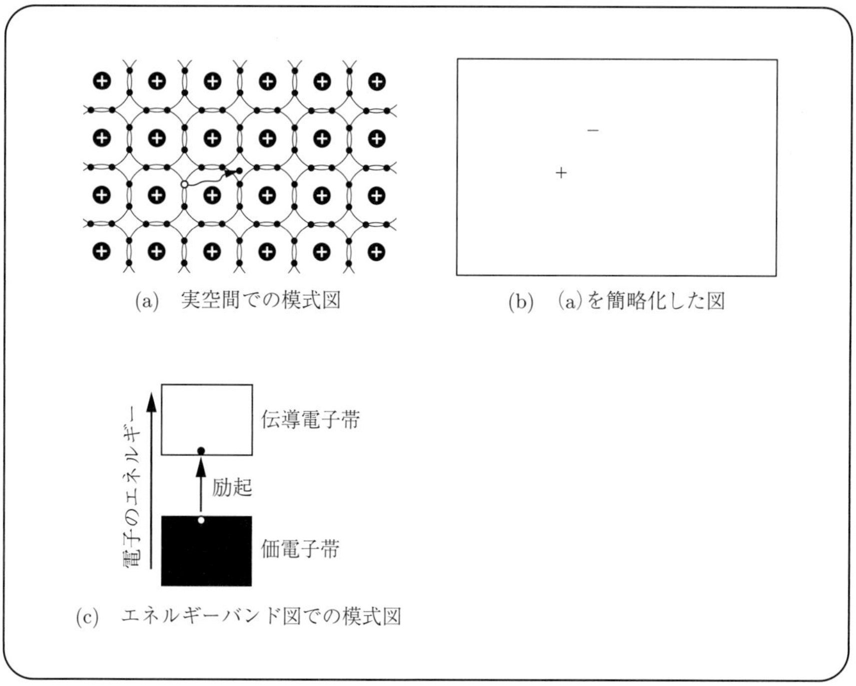

(a) 実空間での模式図　(b) (a)を簡略化した図　(c) エネルギーバンド図での模式図

図3.9 真性半導体におけるキャリヤの熱励起

3.3 電流の担い手：キャリヤ

3.3.1 真性半導体のキャリヤ

半導体における電流の担い手であるキャリヤについて説明する．価電子帯から伝導電子帯への電子の励起は，Si 原子が熱振動していることにより可能となる．熱振動とは，ダイヤモンド構造で決まっている正確な原子位置を中心に Si 原子が振動していることである．熱振動の運動エネルギーの平均値は温度（正確には絶対温度）に比例することが知られている†．しかし，すべての Si 原子が同じ運動エネルギーで振動しているわけではない．ほとんど振動していない原子もある一方で，大きな振幅で振動しているものもある．大きな運動エネルギーで熱振動している原子があり，エネルギーギャップより大きなエネルギーを電子がもらうと電子の励起が起きる．これを**熱励起**と呼ぶ．

重要なのは，このような励起が確率的に，ごく一部の原子でしか起きないという点である．このため，自由に動き回ることができる電子がすべての原子から生じている金属のような導体と異なり，エネルギーギャップのある半導体では，図 3.2 (b) に模式的に示したように，そのような電子が僅かしかなく，電気伝導度が導体より小さい原因になっている．

図 3.9 に示したように，電子が励起され，自由な電子となって元いた原子から離れると，電子 2 個からなるボンドに「穴」があくことになる．この穴がある状態はエネルギー的に不安定で，近くのボンドにある電子を呼び寄せて安定な状態になろうとする．すると今度はそのボンドに「穴」があくことになる．これが次々と起きると，結果的には「穴」が移動しているように見える．「穴」の移動に伴い電子がそれと反対方向に動くので，実質的には「穴」が移動する方向に電流が流れることになる．（電流の向きは電子の動く方向と反対方向であることを思い出すこと.）このように考えると，あたかも「穴」が正の電荷を持った粒子として振る舞うと考えることもできる．この「穴」のことを**ホール**または**正孔**と呼ぶ．すなわち，熱振動によって電子が伝導電子帯に励起されると，同時に電子の抜け殻としてのホールが価電子帯に発生し，$+q(>0)$ の電荷を持ち，$-q(<0)$ の電荷を持つ電子とともに電流に寄与することがわかる．伝導電子帯の電子（以下では**伝導電子**または単に電子と呼ぶ）と価電子帯の

† 高温になるほど振動振幅が大きくなり，十分に高温では原子が元の位置から動き出し，結晶構造が維持できなくなる．これが融解である．

ホールを併せて，電流の担い手という意味で**キャリヤ**と呼ぶ．

ホールの「穴」を埋める電子が，たまたま伝導電子であることもあり得る．この場合はホールと伝導電子が消滅し，キャリヤの数が減る．これをキャリヤの**再結合**と呼ぶ．電子の励起と再結合は，半導体の至る所で絶えず起きており，全体としてはそれらが平衡した状態で，キャリヤの数が一定に保たれている．このときの単位体積あたりの伝導電子の数 n を**真性キャリヤ濃度**と呼び n_i で表す．一方，単位体積あたりのホールの数をホール濃度 p と呼ぶが，$p = n = n_i$ であることは上記の説明から容易にわかるであろう．また，このような半導体のことを，後述する外因性半導体と区別するために**真性半導体**と呼ぶ．Si では室温で $n_i \cong 10^{10}\mathrm{cm}^{-3}$ であることが知られている．n_i は大変大きな数に思えるかもしれないが，単位体積中に存在する Si 原子の数が 10^{22} 個程度であることを考えると非常に小さい数であるといえる．およそ 10^{12} 個の Si 原子に対して 1 個の割合でしか電子ホール対が存在しないことになる．金属と比較して伝導電子の数が圧倒的に少ないことがわかるであろう．

温度が上がると Si 原子の熱振動は激しくなり，その結果，伝導電子帯に励起される電子の数が増加する．そのため，電気伝導度が上がる．すなわち n_i は温度の関数である．金属では熱振動の結果，本来の位置から動いた原子が電子の動きを邪魔するため，伝導度が下がるのと対照的に，半導体では温度上昇とともにキャリヤ数が増加し伝導度が増加するのが普通である．

エネルギーギャップが大きいと電子の励起に大きなエネルギーが必要になり，キャリヤの数は大幅に減少する．これが絶縁体である．例えば絶縁体である SiO_2 のエネルギーギャップは約 9 eV であり，原子の熱振動からこれだけ大きなエネルギーが得られる確率は事実上 0 であり，自由に動ける電子が存在しないことになる．一方，金属のような導体ではエネルギーギャップは存在せず，ごく僅かのエネルギー増加も許される．つまり，電子は自由に動き回ることができる．これらの違いを図 **3.10** に示した．

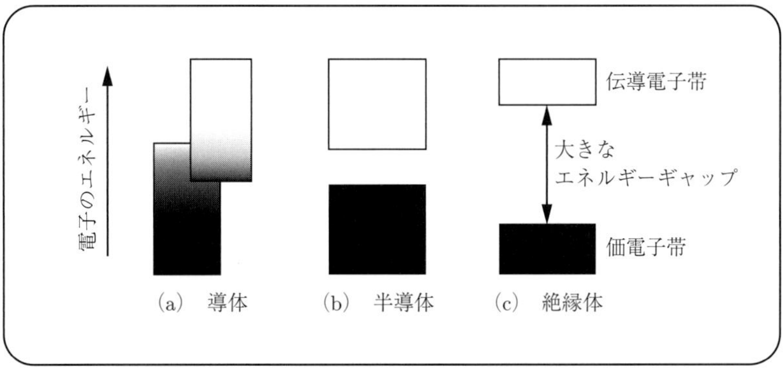

図 3.10　導体，半導体，絶縁体のエネルギーバンド

3.3.2 キャリヤ濃度の制御

さて，ここまでで半導体の電気伝導度が金属などの導体と比較して小さい理由が理解できたと思う．しかし，もし半導体の電気伝導度を決める要因がこれでだけであったなら，今日使われているような多様な電子デバイスを作り出すことはできなかったであろう．有用な電子デバイスの実現を可能にしたのは，半導体の電気伝導度を人為的にコントロールする手段の確立にあった．更に，（伝導）電子だけ，またはホールだけを主なキャリヤとする 2 種類の半導体を自由に組み合わせることができるようになったことで，電子デバイスの可能性は圧倒的に広がった．その一例が CMOS 集積回路であり，詳細は 7 章で述べることにする．

実は，半導体が知られ始めた 19 世紀には，電気伝導度が作り方や処理方法に大きく依存していて，その制御もままならなかった．その原因は，電気伝導度が，半導体にごく微量に含まれた不純物に敏感であったためである．真性半導体では 10^{12} 個の Si に 1 個の割合でしかキャリヤが存在しないことを思い出して欲しい．たとえ 99.99% の純度でも，残りの 0.01% の不純物の量がこのキャリヤの量より遙かに大きいことを考えれば，敏感であることは容易に想像がつくであろう．半導体のキャリヤ制御には厳密な不純物濃度のコントロールが必要であった．それでは，ごく僅かな不純物で Si の電気的性質が劇的に変わるメカニズムを説明しよう．

〔1〕 **ドナーと n 型半導体**　もう一度，表 3.1 に示した周期律表を見て欲しい．Si はⅣ族に属していて，4 個の外殻電子があることは既に説明した．Si の電気伝導度の制御に用いる不純物は Si の両側にあるⅢ族とⅤ族の元素である．まずⅤ族元素を不純物として添加し，本来 Si 原子が占有すべき場所が**図 3.11** のようにⅤ族元素で置き換わった場合を考える．Ⅴ族元素の原子は Si より 1 個多い 5 個の外殻電子を持つ．4 個の電子は Si と同様に共有結合のボンドを作るために使われる．残りの 1 個は行き場がなく，原子による束縛も弱い．その結果，僅かな熱振動のエネルギーで容易に元のⅤ族原子から離れて，Si 結晶中を動き回るようになる．Ⅴ族原子は外殻電子が 5 個ある状態が電気的に中性なので，1 個の外殻電子が離れた結果，陽イオンになる．図 3.11 では + を丸で囲んで示した．エネルギー状態で考えると，Ⅴ族電子から供給された電子は伝導電子帯に存在する．そのため，熱励起された電子と同様に結晶の中を自由に動き回れることになる．このように，伝導電子帯に電子を提供できる，という意味で，Ⅴ族不純物のことを**ドナー**と呼ぶ．

例えば，Si 原子の数に対して 0.01% の P（リン）を不純物として添加することを考える．P はⅤ族元素であるからドナー不純物として作用し，一つの P 原子から一つの伝導電子が供給される．Si の原子密度は約 $5 \times 10^{22}\mathrm{cm}^{-3}$ であるから，伝導電子の濃度はその 0.01% の $5 \times 10^{18}\mathrm{cm}^{-3}$ となる．この場合でも熱励起に伴う電子とホールも存在する．しかし，ドナー

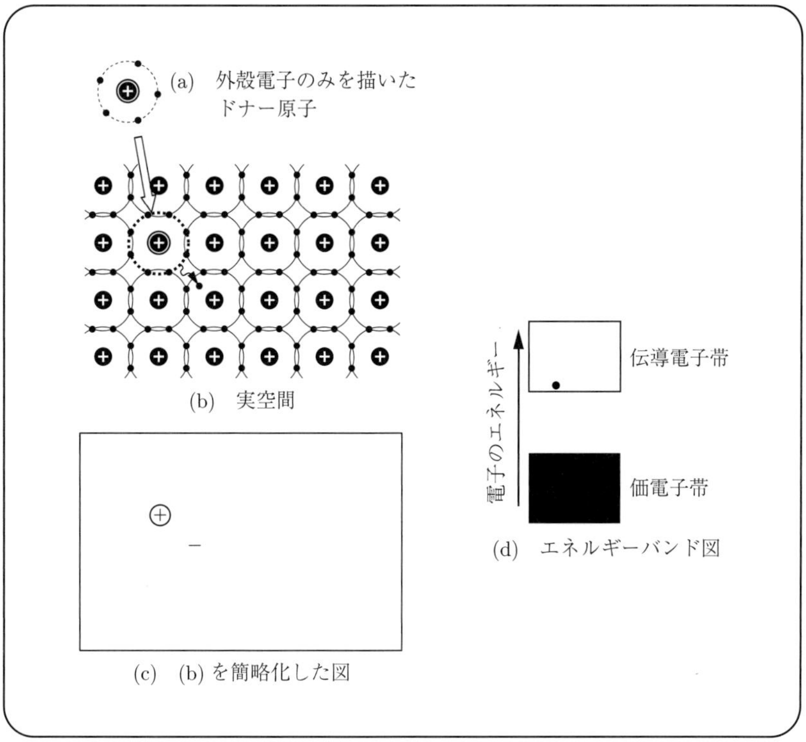

図 3.11　ドナー不純物を添加した n 型半導体

不純物添加により発生した電子濃度は，真性キャリヤ濃度 $n_i \cong 10^{10}\mathrm{cm}^{-3}$ の 5×10^8 倍に相当するため，Si の電気伝導度はドナー不純物濃度でほぼ決定されることになる．このように電子が電流の担い手である半導体のことを **n 型半導体**と呼ぶ．この命名は，主なキャリヤが電子で，その電荷が負（negative）に起因するためであると考えてもよいが，元々は，この種の半導体に金属の針を立てて，針と半導体に電圧を印加したとき，半導体を負の電位にしたときに電流が流れやすいことから名付けられたといわれている．このように n 型半導体には，伝導電子とホール，ドナー陽イオンが電荷として存在し，半導体全体としては同じ量の正負の電荷が存在するため，電気的に中性である．また，電子とホールは結晶中を容易に動き回ることができるため**可動電荷**と呼ばれるのに対して，ドナー陽イオンは Si 結晶中で固定されていて動けないため**固定電荷**と呼ばれる．これは電子デバイスの構造を考えていく上で大変重要である．

〔2〕 アクセプタと p 型半導体　次に，例えば B（ホウ素）や Al（アルミニウム）のようなⅢ族元素を不純物として添加する場合を考えよう．Ⅲ族原子では外殻電子の数が 3 個で，Si と比較して 1 個少ない．これを Si 結晶に添加した状態を考えると，周囲の Si と結合するために必要な 4 個の電子の内 3 個は賄えるが，1 個の電子が足りないことになる．この 1

個の電子を調達するため，近くの電子を借りて充足させたとすると，今度はその電子が元々属していたSi原子の電子が1個不足することになる．これはⅢ族原子によってホールが発生したことを意味する．Ⅲ族原子は1個多い電子を捕獲したので陰イオンになっていることも注意すべきである．この状況を図**3.12**で示した．Ⅲ族原子は周囲から電子を受け入れる，という意味で**アクセプタ**と呼ばれる．ドナーの場合と同様に半導体の電気伝導度はアクセプタ不純物濃度でおもに決まり，このようにホールが電流の主な担い手である半導体のことを**p型半導体**と呼ぶ．名前の由来はn型と同じである．p型半導体に存在する電荷は，可動電荷としての電子とホール，及び固定電荷としてのアクセプタ陰イオンであり，正負の電荷量がつりあっていることもn型の場合と同様である．n型半導体及びp型半導体のように外部から添加された不純物でその電気的な性質が支配されている状態になる半導体のことを**外因性半導体**と呼び，真性半導体と区別される．

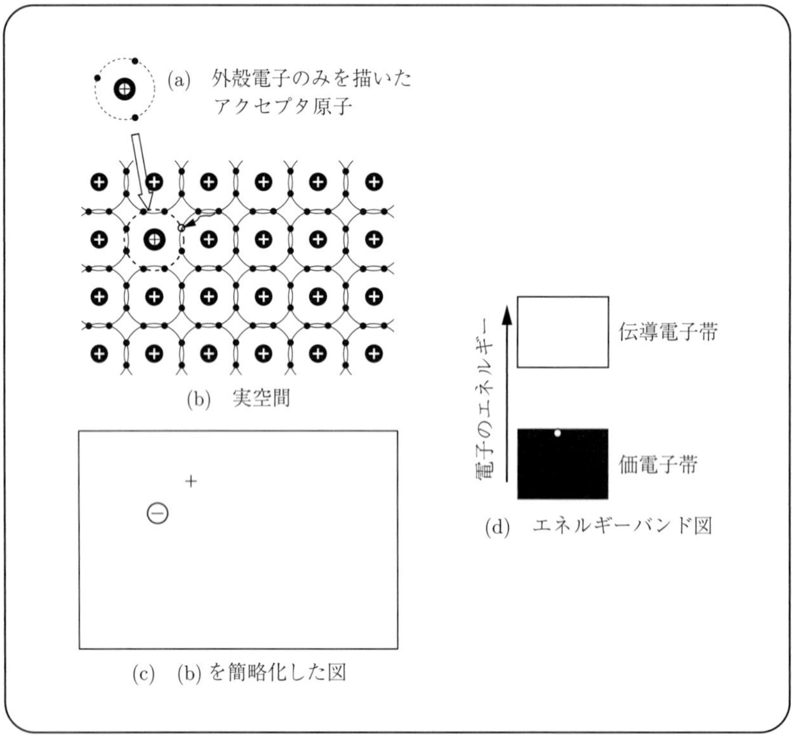

図 **3.12**　アクセプタ不純物を添加したp型半導体

談 話 室

Ge と化合物半導体 本書では，現在，最も広く電子デバイスに用いられている半導体材料であるシリコンを対象としている．しかし，それ以外にも多くの半導体材料が知られている．例えば，表 3.1 に示した周期律表をもう一度見てみると，シリコン（Si）の下にはゲルマニウム（Ge）があり，Si と同じく 4 個の外殻電子を持っている．このため，これまでの説明と同様の機構でキャリヤが発生し，半導体として振る舞う．9 章で述べるが，世界最初のトランジスタは Ge を用いて実現された．トランジスタ作製には純度が高い結晶が必要であり，当時の技術では Si の高純度化が困難であったためである．Ge には，そのホールの移動度が Si と比較して大きいという特徴があり，それを活かした高性能集積回路の開発がいくつかの研究機関で進められている．また，Ⅲ 族と V 族を 1:1 の割合で含む化合物では，平均的に IV 族元素と同様の結晶構造が得られ，半導体的な物性を示す．これらを総称して化合物半導体と呼ぶ．例えば，GaAs や GaP，GaN などであり，高性能トランジスタや発光ダイオード（LED）などに利用されている．

3.4 フェルミ準位とキャリヤ濃度

3.4.1 フェルミ分布関数とフェルミ準位

まず始めに金属中の伝導電子のエネルギー状態を考えてみよう．図 3.10 で示したように金属にはエネルギーギャップがなく，電子はエネルギーが低い状態から順に高い状態に向かって状態を埋めていく．電子の数は有限であるから，あるエネルギー値 E_F までの状態にすべての電子が埋まり，それより高いエネルギーを持つ状態には電子が存在しない．E_F を**フェルミ準位**，または**フェルミエネルギー**，と呼ぶ．その様子を**図 3.13** で示す．ところで，絶対零度ではない（有限温度の）場合，一部の電子は熱的に励起されていて，E_F よりも大きなエネルギー状態を占めることが可能である．温度が高くなると熱的に励起される電子の割合も増え，高いエネルギーを持った電子が現れる．その状態を図 3.13 に示す．温度が高くなるにつれて，E_F 付近の境界が次第にぼやけていくことを示している．

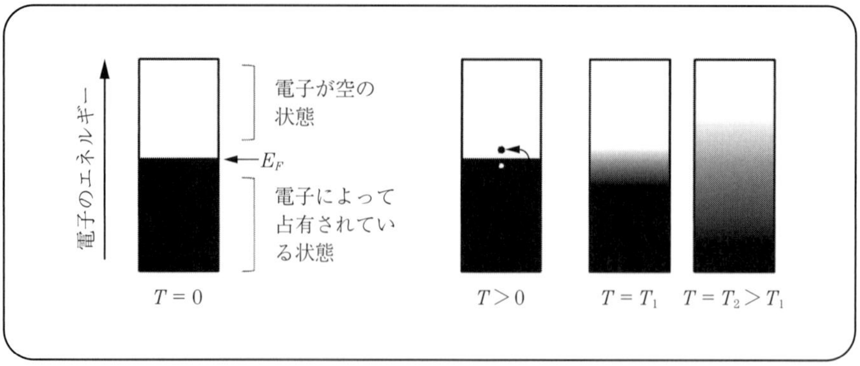

図 3.13　導体における電子の分布状態
（T は絶対温度（$T=0$ は-273°C））

この様子を定量的に記述した関数が**フェルミ分布関数** $f_F(E)$ で，次式で表される．

$$f_F(E)=\frac{1}{1+\exp\dfrac{E-E_F}{kT}} \tag{3.2}$$

ここに，k はボルツマン定数，T は絶対温度である．$f_F(E)$ をエネルギー E の関数として**図 3.14** に示す．この関数はエネルギー E の状態が電子によって占有される確率を表している．

$$f_F(E)\begin{cases}\approx 0 & (E\gg E_F)\\ =0.5 & (E=E_F)\\ \approx 1 & (E\ll E_F)\end{cases} \tag{3.3}$$

であることがわかるが，これは十分に低いエネルギー状態 $(E\ll E_F)$ は必ず電子によって占有されており，十分に高いエネルギー状態 $(E\gg E_F)$ には電子が存在せず，$E=E_F$ の状態はその半数が電子によって占有されることを意味する．また，E の増加に伴い占有確率は次第に減少するが，絶対零度ではステップ状に急峻に減少するのに対して，温度が高くなるに

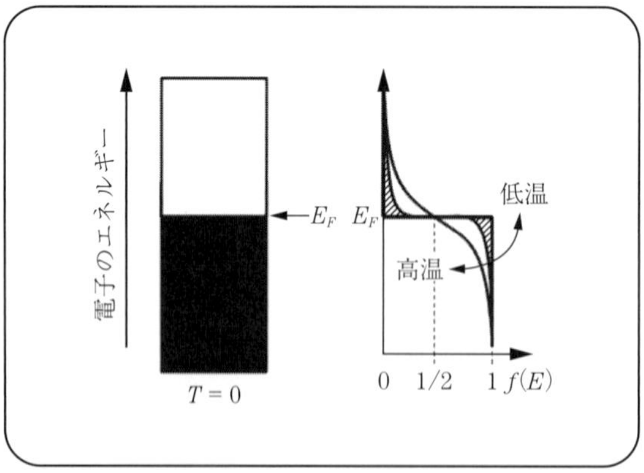

図 3.14　フェルミ準位とフェルミ分布関数

従って傾きが緩やかになる．これは図 3.13 で示した境界のぼやけに相当し，温度の上昇とともに熱的に励起された電子数の増加する様子を示している．

フェルミ分布関数の導出は本書の範囲を超えるのでここでは説明しないが，興味ある読者は統計力学の教科書を参照して欲しい．これ以降の電子デバイスの説明を理解していく上では，上記のような直感的な理解でとりあえず十分である．

3.4.2 真性半導体のフェルミ準位

フェルミ分布関数は，多数の電子からなる系を対象として，電子のエネルギー状態に関する統計的性質から導かれたものであり，導体，半導体，絶縁体の違いに関わらず成立する．このことを利用して，エネルギーギャップがある半導体での電子の分布を考えてみよう．まず，不純物が添加されていない真性半導体のフェルミ準位の位置を考えてみる．温度が十分低い場合には，価電子帯の上端 E_V まで電子が充満していて，その上の伝導電子帯には電子が存在しない．金属では，エネルギーの低い状態から順に電子を詰めていったときに，最後の電子が入る状態のエネルギー準位がフェルミ準位であったことを思い出すと，半導体のフェルミ準位は価電子帯上端の準位 E_V ではないかと思うかもしれない．

しかし，絶対零度でない有限温度で，伝導電子とホールとの数が真性半導体では等しくなければならないことを思い出すと，この仮説は妥当でないことがわかる．すなわち，もし $E_F = E_V$ として有限温度でのフェルミ分布関数をバンド図と重ねてみると，図 **3.15** のようになる．$f_F(E) < 1$ なるエネルギー E を持つ状態がすべて電子によって占有されているわけではない．価電子帯で電子がないということは，ホールが存在することに他ならない．一方，伝導電子の数は，伝導電子帯（$E > E_C$）で $f_F(E) > 0$ の部分によって示される．この図を見ると，ホールに相当する部分の面積が伝導電子に相当する部分と比較してかなり大き

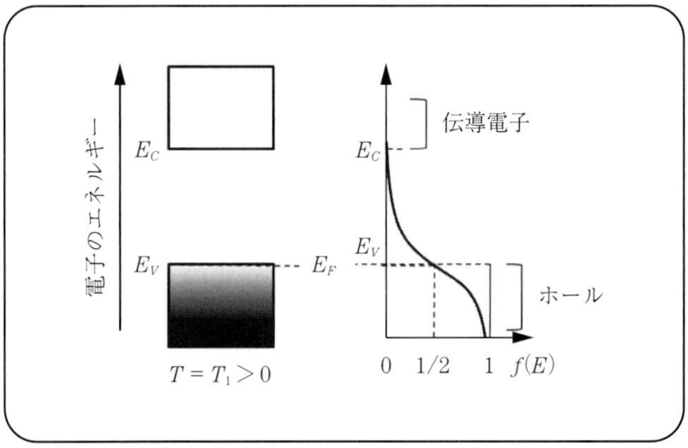

図 3.15 フェルミ準位が価電子帯上端に位置したと想定したときの電子分布状態
（実際の真性半導体の表現としては不都合である．）

く，真性半導体においてこれらの数が一致するという条件は満足されそうにない．

この条件を満足させるためには，電子の数が増えるようにフェルミ準位を移動して考える必要がある．**図 3.16** で示すように，フェルミ準位を伝導電子帯下端 E_C と価電子帯上端 E_V の中間に移動させれば，ホールの数に相当する部分の面積が電子のそれとほぼ等しくなることがわかるであろう．すなわち，半導体では禁制帯のほぼ中央にフェルミ準位が存在することになる．フェルミ準位はフェルミ分布関数を与える一種のパラメタであるから，そのエネルギーを持つ電子が実際には存在するかどうかとは無関係にその値を決めることができることに注意して欲しい．

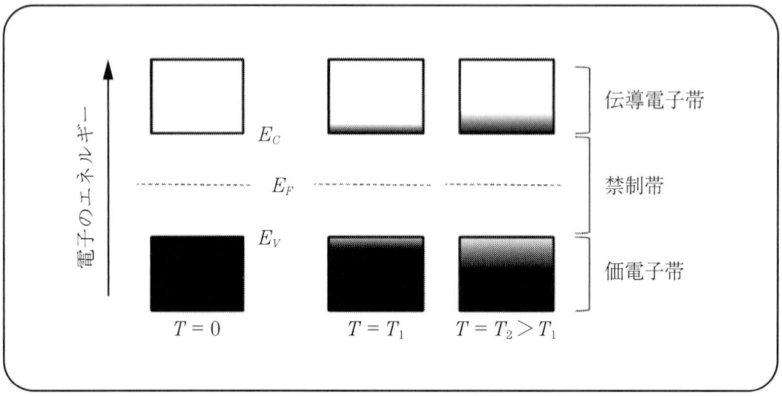

図 3.16　半導体における電子分布

さてフェルミ分布関数で電子とホールを表現すると，温度が上昇したときに熱励起により電子ホール対が増加することが見事に表現できる．絶対温度 T が高くなるとフェルミ分布関数の 1 から 0 への変化が緩やかになることは式からもわかるし，その様子は図 3.14 で示したとおりである．傾きが緩やかになることは，斜線の面積が増加することを意味し，これが電子ホール対の増加に対応している．直感的な描像が数式で定量的に表現できている．ちなみに，温度が絶対零度（-273°C）に近づくと，フェルミ分布関数のステップが急峻になり，電子とホールに相当する部分の面積が零となり，キャリヤが無い状態に近づくこともわかる．図 3.16 にこれらの様子を示す．

3.4.3　キャリヤ濃度とフェルミ準位

ここまでの説明で，フェルミ分布関数が伝導電子とホールの数と深く関わっていることが理解できたと思う．実際，それは，あるエネルギー状態に電子が存在する確率を表しているわけだから，あるエネルギーを持つ状態の数がわかれば，それにフェルミ分布関数を掛け，エネルギーについて積分すれば，伝導電子の数を求めることができる．単位体積あたりの伝導

電子の数，つまりキャリヤとしての電子の濃度 n を式で表すと

$$n = \int_{E_C}^{\infty} f_F(E) N(E) dE \tag{3.4}$$

と書くことができる．ここに $N(E)$ は**状態密度**と呼ばれるエネルギーの関数で，E と $E+\Delta E$ の区間に $N(E)\Delta E$ だけの電子の状態があることを意味する．$E_V < E < E_C$ の禁制帯では電子が存在できないので $N(E)=0$ である．$E > E_C$ の伝導電子帯での $N(E)$ は**図 3.17** に示すように $\sqrt{E-E_C}$ に比例することが知られている．すなわち伝導電子帯の下端からエネルギーが増加するにつれて，電子に許されたエネルギー状態の数が増える．この導出は本書の範囲を超えているのでここでは省略し，それを前提として話を進める．

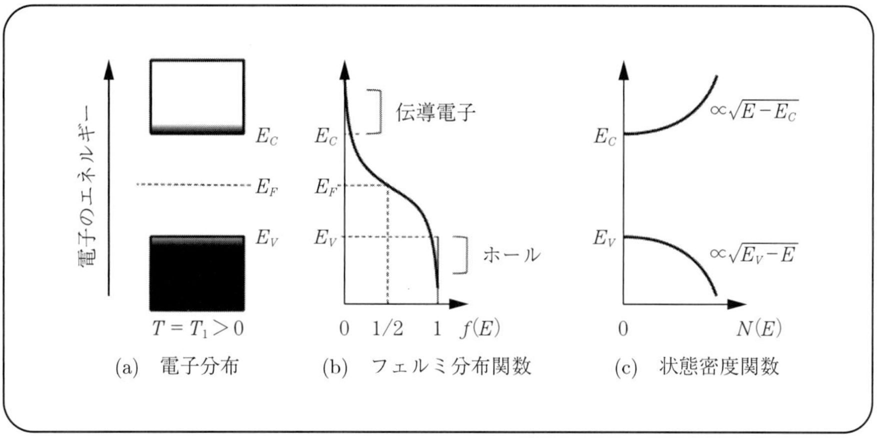

図 3.17 真性半導体における電子分布とフェルミ分布関数，状態密度関数

状態関数とフェルミ分布関数の積が実際の電子の数になることを**図 3.18** で説明した．図中の「箱」で示した状態の数 $(N(E))$ は電子のエネルギーとともに増加するが，電子がその状態にいる確率 $f_F(E)$ が減少するので，「箱」に入っている黒丸で示した電子も減少する．

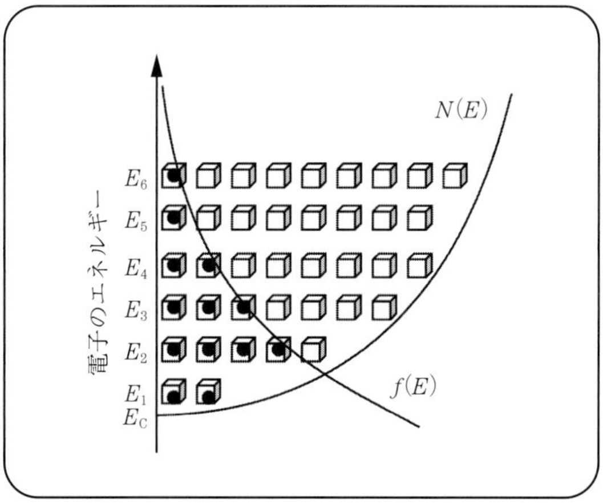

図 3.18 状態密度関数の意味

比例定数を A とすれば

$$N(E) = A\sqrt{E - E_C} \tag{3.5}$$

と表せるから，結局，伝導電子濃度は

$$n = \int_{E_C}^{\infty} f_F(E) A\sqrt{E - E_C} dE \tag{3.6}$$

で表現できることになる．

残念ながらこの積分を簡単な関数で表すことはできないが，フェルミ分布関数を近似的に表すことで，電子デバイスを考えていく上での極めて有用な表式を導出することができる．伝導電子帯の下端からフェルミ準位までのエネルギー差が温度に相当するエネルギー kT と比較して十分に大きい，すなわち $E_C - E_F \gg kT$ であることを仮定すると

$$f_F(E) = \frac{1}{1 + \exp \dfrac{E - E_F}{kT}} \cong \exp\left(-\frac{E - E_F}{kT}\right) \tag{3.7}$$

のようにフェルミ分布関数が指数関数で近似できることを利用する．そうすると積分が実行できて

$$n \cong \int_{E_C}^{\infty} \exp\left(-\frac{E - E_F}{kT}\right) A\sqrt{E - E_C} dE \tag{3.8}$$

$$= \exp\left(-\frac{E_C - E_F}{kT}\right) \int_0^{\infty} \exp\left(-\frac{E - E_C}{kT}\right) A\sqrt{E - E_C} d(E - E_C) \tag{3.9}$$

$$= A_0 \exp\left(-\frac{E_C - E_F}{kT}\right) \tag{3.10}$$

と求めることができる．ここで，定積分の値を A_0 とした．

$E_C - E_F$ が大きくなると，すなわちフェルミ準位が低くなり伝導電子帯下端から離れると，n は減少する．これは既に説明したようにフェルミ分布関数を表す曲線が下に移動し，伝導電子の数に相当すると考えていた部分の面積が減少することに対応する．ちなみに，ここで行ったフェルミ分布関数に対する近似は，フェルミ分布関数の裾野の部分を指数関数で近似していることを意味する．これとは逆に，フェルミ準位が上昇し，伝導電子帯下端に近づくと，n が増加することもこの式は表している．

ホールに対しても全く同様に計算することができる．ホールは電子が存在しない状態であるから，その存在確率は $1 - f_F(E)$ と書けることに注意すれば，ホール濃度 p は

$$p = \int_{-\infty}^{E_V} (1 - f_F(E)) N(E) dE \tag{3.11}$$

と書くことができ，前と同様の近似をすると

$$p \cong B_0 \exp\left(-\frac{E_F - E_V}{kT}\right) \tag{3.12}$$

が得られる．

$E_F - E_V$ が大きくなると，すなわちフェルミ準位が高くなり価電子帯上端から離れると，p は減少する．これは既に説明したようにフェルミ分布関数を表す曲線が上に移動し，ホールの数に相当すると考えていた部分の面積が減少することに対応する．これとは逆に，フェルミ準位が下がり，価電子帯下端に近づくと，p が増加することもこの式からわかる．

3.4.4　一般の半導体のフェルミ準位

不純物を添加してキャリヤ濃度を積極的にコントロールした半導体である外因性半導体について考える．基本的なことはこれまでに真性半導体で説明したことがそのまま当てはまる．これまでの説明でフェルミ準位が上がり伝導電子帯下端に近づくと伝導電子が増えホールが減ること，逆にフェルミ準位が下がり価電子帯上端に近づくと伝導電子が減りホールが増えることを説明した．前者はドナー不純物を添加した n 型の様子を表し，後者はアクセプタ不純物を添加した p 型半導体の様子を表すと考えて全く不都合はない．不純物添加により変化したキャリヤ濃度に一致するようにフェルミ準位が移動する，と考えてもよい．**図 3.19** には n 型，**図 3.20** には p 型の半導体におけるフェルミ準位を示した．

これまでの説明で，フェルミ準位 E_F とそれを用いて，真性半導体，外因性半導体を問わず，キャリヤ濃度 n 及び p を定量的に表現できることがわかったであろう．これを用いて，半導体のキャリヤ濃度に関する重要ないくつかの性質を導出することができる．

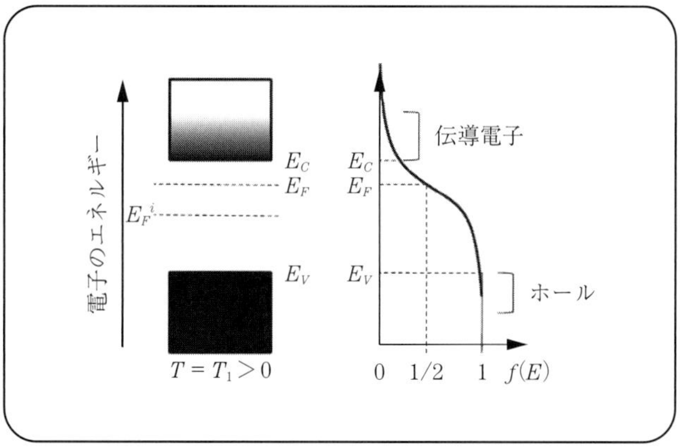

図 3.19　n 型半導体におけるフェルミ準位とフェルミ分布関数

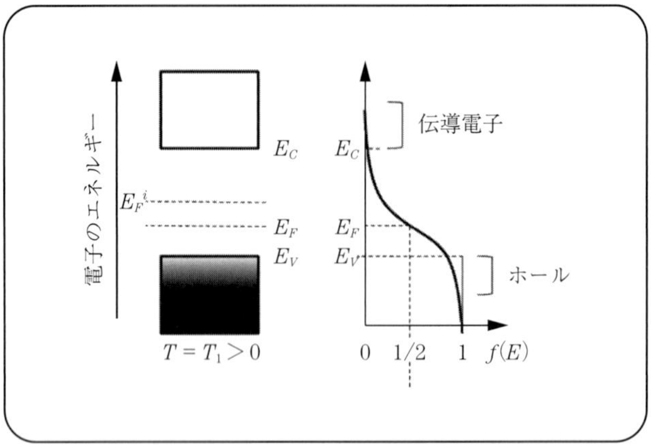

図 3.20　p 型半導体におけるフェルミ準位とフェルミ分布関数

もう一度真性半導体に戻って，真性キャリヤ濃度 n_i とフェルミ準位 $E_F{}^i$ について考えてみよう．式 (3.10) 及び式 (3.12) を用いると真性半導体では

$$n = A_0 \exp\left(-\frac{E_C - E_F{}^i}{kT}\right) \tag{3.13}$$

$$p = B_0 \exp\left(-\frac{E_F{}^i - E_V}{kT}\right) \tag{3.14}$$

であるが，$n = p = n_i$ であったから，もし，$A_0 = B_0$ を仮定すれば†

$$E_C - E_F{}^i = E_F{}^i - E_V \tag{3.15}$$

すなわち

$$E_F{}^i = \frac{1}{2}(E_C + E_V) \tag{3.16}$$

が成り立つ．この式は，真性半導体ではフェルミ準位 $E_F{}^i$ が禁制帯のほぼ中央にあることを示している．

次に外因性半導体について考える．

$$n_i = A_0 \exp\left(-\frac{E_C - E_F{}^i}{kT}\right) = B_0 \exp\left(-\frac{E_F{}^i - E_V}{kT}\right) \tag{3.17}$$

であるから，A_0 と B_0 を $E_F{}^i$ と n_i で表し，式 (3.10) 及び式 (3.12) に代入すると

$$n = n_i \exp\left(\frac{E_F - E_F{}^i}{kT}\right) \tag{3.18}$$

$$p = n_i \exp\left(\frac{E_F{}^i - E_F}{kT}\right) \tag{3.19}$$

が成り立つ．この式はフェルミ準位 E_F が増加すると電子濃度が増加し，減少するとホール

† 通常，この近似は妥当なものである．

濃度が増加することを意味しており，図 3.19 及び図 3.20 で示したことと一致する．

次に，p と n の積を考えてみよう．式 (3.18) 及び式 (3.19) を用いると

$$pn = {n_i}^2 \tag{3.20}$$

が成立することがわかる．温度が一定ならこの積も一定である．今，Si に添加したドナー不純物の濃度を N_D で表し，先に説明したようにそれぞれのドナー原子から 1 個の伝導電子が供給されたとする．熱励起された伝導電子を無視すると $n = N_D$ が成立する．したがって，このときのホール濃度 p は次式で表すことができる．

$$p = \frac{{n_i}^2}{n} = \frac{{n_i}^2}{N_D} \tag{3.21}$$

同様に，アクセプタ不純物の濃度 N_A の p 型半導体では，少数キャリヤである電子の濃度 n は次式で表すことができる．

$$n = \frac{{n_i}^2}{p} = \frac{{n_i}^2}{N_A} \tag{3.22}$$

3.5 キャリヤの輸送現象

電子デバイスの動作を理解し，十分に性能を発揮できる素子構造を設計したり，要求条件を満足する回路を設計したりするためには，素子の端子に印加する電圧と端子間に流れる電流の関係を詳しく調べる必要がある．電圧は半導体中の電界と関係し，電流はキャリヤ（伝導電子とホール）の振る舞いで決定される．これまでは半導体中のキャリヤ濃度に焦点を当てて説明してきたが，それと同時に，キャリヤの動きを解析することが重要になる．半導体中でキャリヤが移動する現象をキャリヤの輸送現象と呼ぶ．特に重要な輸送現象がキャリヤのドリフトと拡散，及び少数キャリヤの注入と再結合であり，以下で順に説明する．

3.5.1 キャリヤのドリフト

〔1〕 **ドリフト電流**　半導体に電圧を印加して，半導体内部に電界を発生させると，半導体内部の電荷に電界からの力が加わる．ドナー陽イオンやアクセプタ陰イオンは結晶内で Si 原子と結合しているので動かず，半導体中を流れる電流には寄与しない．固定電荷と呼ば

れる．一方，伝導電子とホールは電界により容易に移動することができ，これが電流となる．これらを可動電荷と呼び，固定電荷と区別する．これらについては既に 3.2.2 項で述べた．

これらのキャリヤが電界から受ける力は電界に比例する．電界が一定であれば力も一定であり，物体の理想的な自由落下と同じように，半導体中でキャリヤは等加速度運動すると推測できる．実際には落下する物体は空気からの抵抗を受けるため，雨滴を考えれば容易に想像できるとおり，最終的な落下速度は一定となる．この速度は**終端速度**と呼ばれる．半導体でもキャリヤは「抵抗」を受けながら半導体中を進むので，実質的には一定速度で動くと考えるのが妥当である．これをキャリヤの**ドリフト**現象と呼ぶ．まずは速度が電界に比例すると仮定した上で，電圧と電流の間に成り立つ関係式を導いてみよう．

図 3.21 に示すような，断面積 A の円柱状の半導体（Si）の両端に電圧 V を印加した状態を考える．半導体中を電子が移動することによって流れる電流 I は，ある断面 S_0 を単位時間あたり通過する電荷量に等しく，それは 1 秒間に S_0 を通過できる電子数 N と素電荷 q の積である．電子の平均の速さ（速度の絶対値）を v_e とすれば，N は図 3.21 のように面 S_0 とそれを v_e だけ左にずらした面 S_1 の間に存在する伝導電子の数に等しい．伝導電子の密度を n とすれば $N = nAv_e$ であるから

$$I = qN = qnAv_e \tag{3.23}$$

と表すことができる．以下では I を A で割った単位面積あたりの電流値 $j_e = I/A$ をおもに用いることにする．j_e を電流密度と呼ぶ．すなわち

$$j_e = qnv_e \tag{3.24}$$

である．そうすることで，面積に依存しない，一般的な議論ができる．

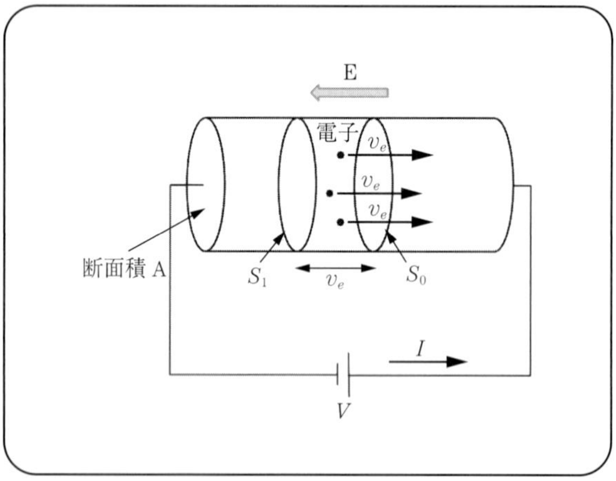

図 3.21　ドリフト電流

これまでに説明してきたように，半導体には伝導電子のほかに電流の担い手であるキャリヤとしてホールが存在する．ホール濃度を p，ホールの平均の速さを v_h とすると伝導電子に対する考察と同様の考察からホールに起因する電流密度は

$$j_h = qpv_h \tag{3.25}$$

と表せる．これらの合計が全電流密度 j_{drift} であり

$$j_{drift} = j_e + j_h = q(nv_e + pv_h) \tag{3.26}$$

を得る．さて，キャリヤの速さが電界 E に比例すると考えていたから

$$v_e = \mu_e E \tag{3.27}$$

$$v_h = \mu_h E \tag{3.28}$$

と表すことができる．ここに μ_e 及び μ_h は比例定数で，それぞれ電子とホールの**移動度**と呼ばれる．これらを用いて式 (3.26) を書き直すと

$$j_{drift} = q(n\mu_e E + p\mu_h E) = q(n\mu_e + p\mu_h)E \tag{3.29}$$

が得られる．これは電流密度が電界に比例することを示し，電流が電圧に比例するというオームの法則と同じ意味を持っていることがわかる．

〔**2**〕 **有効質量**　もう少し詳しく，微視的な立場から半導体中のキャリヤの運動を見てみよう．真空中にある電子が電界から一定の力を受ける場合には，電子は等加速度運動をする．今は，伝導電子やホールがSi結晶の中を運動すると考えているので，これらのキャリヤはSi原子と衝突を繰り返しながら結晶中を進むので，真空中のように等加速度運動をするとは考えられない．実際には，ダイヤモンド構造を持つ周期的に配置されたSi原子の中を進む，量子力学的な波動としての電子の運動を考える必要がある．池の中に規則的に打たれた杭の間を伝わる波の進み方を考えることに似ている．杭（今の場合はSi原子）で散乱された波がそれぞれ干渉を繰り返す結果として，強めあった波だけが生き残り，結晶中を進むことが予想される．詳しくは量子力学の教科書に譲るとして結論だけをいえば，生き残った波によって表される電子の運動は，近似的には真空中の電子と似た等加速度運動をすると考えることができる．違いは，電子の運動方程式を考えたときの質量に相当する部分が，結晶の周期性を反映して，真空中より小さい，半導体固有の値として記述されることである．これを**有効質量**という．単純にいえば，Si原子が厳密にダイヤモンド構造を構成している限り，質量だけを有効質量に置き換えることで，Si原子の存在を無視してよい，というのが量子力学の教えである．

〔**3**〕 **キャリヤの散乱**　これは大変都合のよい考え方である．それでは先に仮定した等加速度運動ではなく，等速運動としてドリフト現象を考える必要性は何に起因するのであろ

うか．それはSi結晶が厳密にはダイヤモンド構造になっていないことに由来する．何らかの原因で理想的なダイヤモンド構造に乱れがあると，その場所が電子の運動を乱す散乱体として機能し，電子の等加速度運動が妨げられる．散乱された電子は電界とは無関係に運動方向が変化したり，それまでに電界から得た運動エネルギーを失ったりする．その結果，散乱後にはそれまでの状態がリセットされ，新たに電界による等加速度運動が始まると考えることができる．この様子を図**3.22**に示す．このように散乱を繰り返しながらSi結晶中を電子が進むため，平均してみると等速運動をしていると見なしてよいことになる．

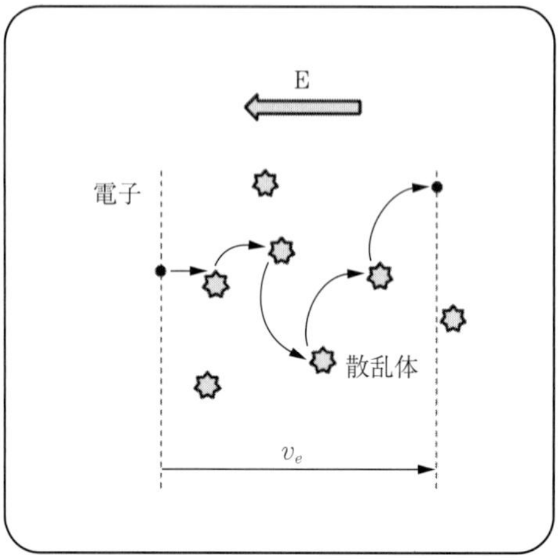

図 3.22 電子の散乱と単位時間内の軌跡

例えばドナーやアクセプタを不純物として添加すると，図3.11や図3.12で示したように，ダイヤモンド構造を構成する一部のSi原子が不純物原子と置き換わる．これらの不純物原子はイオン化するため，それが原因で電子が散乱され，図**3.23**に示すように電子の軌道が曲がる．

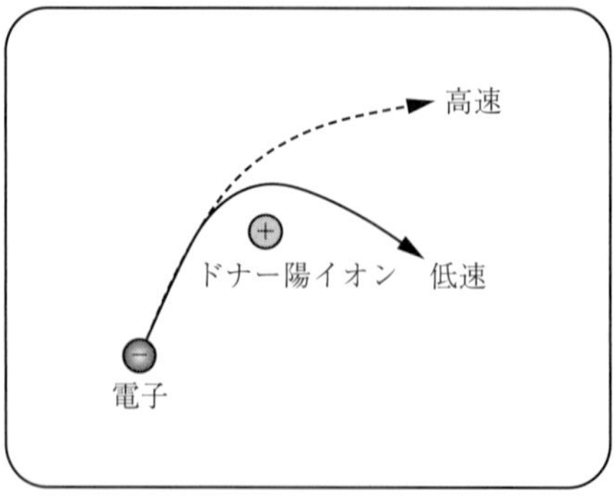

図 3.23 イオン化不純物による散乱

また，Si 原子は熱振動をしていて，実際には厳密なダイヤモンド構造の正確な原子位置から少しずれている．これも電子が散乱される原因となる．熱振動により Si 原子の振動のことを**格子振動**または**フォノン**（音響子）と呼ばれるので，この散乱のことを格子振動散乱または**フォノン散乱**と呼ばれる．温度が高くなると熱振動が活発になり，本体の位置からの変位量が大きくなり，電子が散乱されやすくなる．この様子を**図 3.24** に示す．

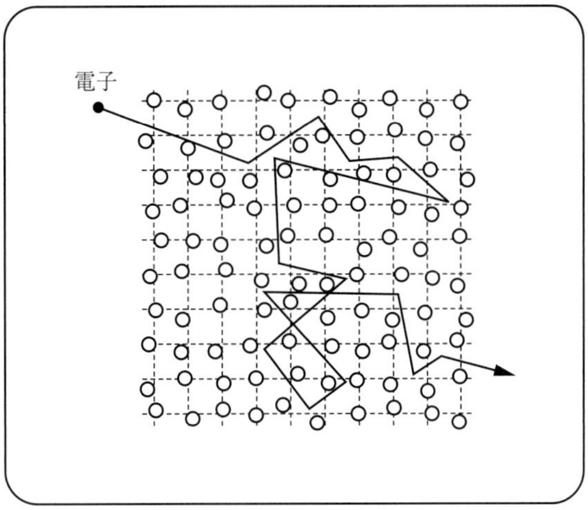

図 3.24 格子振動（フォノン）による散乱

電子に関するこれまでの説明はホールについても全く同様に成り立つ．違いはホールの有効質量が伝導電子のそれと違う点である．有効質量が異なれば同じ電界でも加速の仕方が異なるから，移動度も異なる．一般にホールの有効質量は電子に比べて大きく，移動度は小さい．キャリヤの移動度を添加不純物の関数として**図 3.25** に示す．不純物濃度が増加すれば

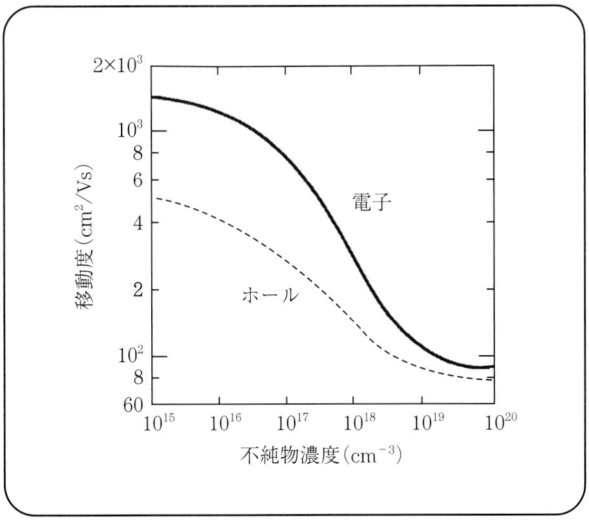

図 3.25 添加不純物濃度と移動度の関係

キャリヤの散乱頻度が高くなり，移動度は低下する．また，添加不純物濃度を低くして結晶を純粋な状態に近づけると，不純物散乱の影響が少なくなり移動度は上昇する．熱振動による散乱，すなわちフォノン散乱は不純物濃度とは無関係であるため，最終的には純粋なSi結晶での移動度の上限はフォノン散乱により規定される．低温になれば熱振動が収まりフォノン散乱の影響を抑止できるため，移動度は更に上昇する．一方，通常の電子デバイスでは不純物を添加して使用する場合が多く，移動度は添加不純物濃度でおもに決まっているといってよい．

〔**4**〕 **速 度 飽 和**　　電界が小さいときには電子の速さが電界に比例し，移動度が一定と考えてよいが，電界が強くなると電子の速度が図 **3.26** に示すとおり飽和することが知られている．この現象は**速度飽和**として知られている．そのときの速度を**飽和速度**と呼び v_s で表わす．飽和する原因はおもにフォノン散乱にあると考えられている．すなわち電界が大きくなりキャリヤが電界から大きな運動エネルギーをもらうと，散乱によってSi原子がそのエネルギーを受け取り，その分，電子の運動エネルギーは減らし，速度は飽和する．

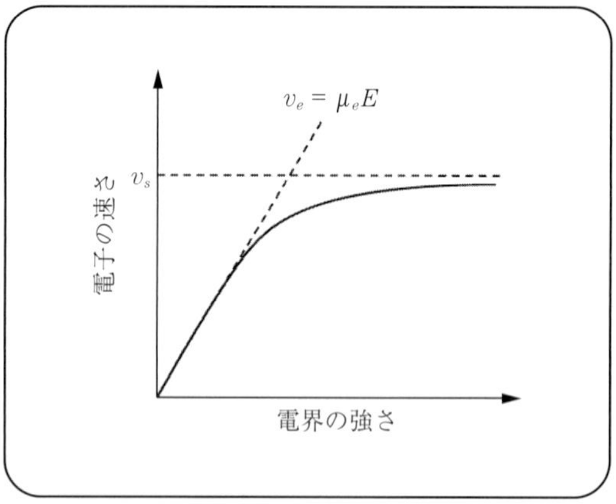

図 3.26　電子速度の電界強度依存性

Siの場合には電界が約 10^4 V/cm を越えると速度飽和が起きる．これは，1 V の電位差を 1 μm 離れた二つの部分に与えることに相当する．また，飽和速度は約 10^7 cm/s に達する．今日の最先端の電子デバイスの典型的な寸法は 0.1 μm 以下で，そこに 1 V 前後の電位差を与えて動作させる場合が多い．したがって，速度飽和を考えた動作解析が必要になることに注意する必要がある．

3.5.2 キャリヤの拡散と再結合

〔1〕 **拡散と拡散電流** 次にキャリヤの拡散について述べる．拡散とは，電子またはホールがランダムな熱運動を行うことにより，半導体中でのキャリヤ分布が一定になろうとする現象をいう．例えば図 **3.27** で示すように半導体を壁 C により左右の二つの部分 A と B に分け，A だけに伝導電子を閉じこめた状況を考える．ある時刻でこの壁を取り去り，電子が A と B の間を自由に行き来できるようにしたとすると，十分時間が経過した後には半導体中の電子濃度が場所によらず一定になってしまうことが予想される．実質的には A にいた電子の半分が B に移動したことになり，それに伴い電流が流れたと考えることができる．このように，**拡散**によって発生する電流のことを**拡散電流**と呼ぶ．拡散は確率的な過程であり，電界の有無とは無関係に起きることを指摘しておきたい．比喩的にいえば，満員電車に空の車両を連結したとき，人が空の車両に乗り移り，混雑を緩和しようとする行為に似ている．

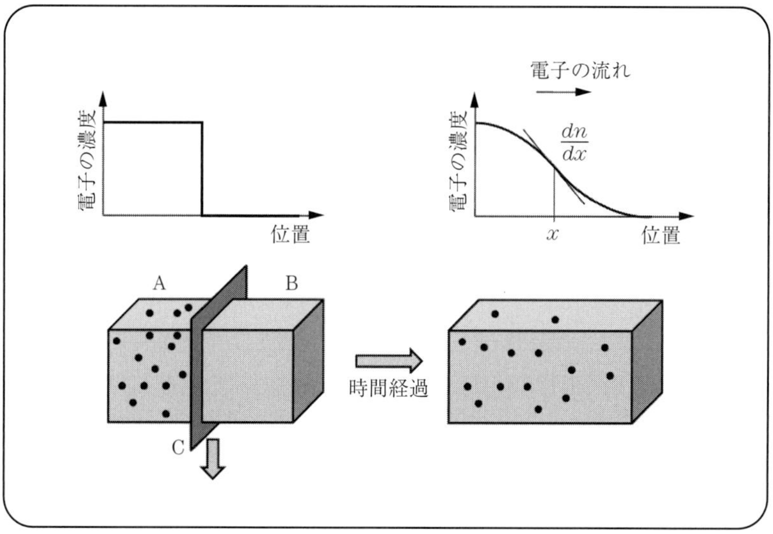

図 **3.27** キャリヤの拡散

拡散電流を数式で表現することを考えよう．拡散による伝導電子の流れの大きさが濃度勾配に比例すると考える．その比例定数を D_e とすることで，伝導電子の拡散に伴う電流は

$$j_e = qD_e\frac{dn}{dx} \tag{3.30}$$

と書くことができる．これを拡散電流の電子成分と呼ぶ．D_e は電子の**拡散係数**と呼ばれる．

一方，ホールに対しても同様に拡散電流を書くことができ

$$j_h = -qD_h \frac{dp}{dx} \tag{3.31}$$

が得られる．x 軸正方向にホールが減少すると考えると，この方向にホール移動に伴うホール電流が流れ $j_h > 0$ となるはずであるが，$dp/dx < 0$ であるため，符号を一致させる必要があり上式右辺に負号を付けた．ドリフト電流と同様に，全拡散電流は電子成分とホール成分の和であり

$$j_{dif} = qD_e \frac{dn}{dx} - qD_h \frac{dp}{dx} \tag{3.32}$$

と表すことができる．

拡散とドリフトは同時に半導体中で起こる可能性があるので，一般に半導体中の電流密度は

$$j = j_{drift} + j_{dif} \tag{3.33}$$

$$= q(n\mu_e E + p\mu_h E) + qD_e \frac{dn}{dx} - qD_h \frac{dp}{dx} \tag{3.34}$$

と表すことができる．以下で実際に素子動作を解析するときには，素子内で起こる現象に対する物理的な考察に基づき，本質的，支配的な成分を見抜き，問題を単純化する洞察力が欠かせない．これに対してコンピュータを用いた数値解析では全部の成分を取り入れて，精度の高い結果を得ることができる．物理的な洞察力と数値解析は相補的な関係にあり，これらをバランスよく使い分けることが重要である．

拡散現象においても半導体中のキャリヤの散乱が関与する．散乱の影響が大きく移動度が低下している半導体では，拡散しにくいことが予想される．実際

$$D = \frac{\mu kT}{q} \tag{3.35}$$

なる**アインシュタインの関係式**が知られていて，移動度と拡散係数とは比例関係にある．

拡散電流が半導体特有の電流であることに触れておく．普通の金属で電流を流すキャリヤは電子だけであり，ホールは存在しない．金属内には伝導電子とその供給源である金属原子の陽イオンが高い密度で存在し，狭い空間内で電荷中性条件が満足されている．もし電子分布が偏り，拡散の原因となるような電子分布の勾配が発生しようとすると，電荷中性条件が破れて強いクーロン引力が働き，極めて短時間で分布偏りが解消されてしまう．これに対してホールも存在する半導体では，電子分布に偏りが発生し，電子の集中した部分にホールも集まることで電荷中性条件が満足される．したがって，この状態は比較的長い時間続くことが可能で，濃度勾配による拡散電流が観測されるわけである．

〔**2**〕 **キャリヤの再結合** ホールは共有結合のボンドに本来あるべき 2 個の電子の内の一つが不足していて，「抜け殻」状態になっていることを意味する．近くのボンドから電子を借りることでその穴を埋め，結果的にホールが電子を借りたボンドに移動することになり，ホール電流が流れる．この場合は供給された電子は価電子帯にあったわけである．ところで，その抜け殻を埋める電子が，伝導電子帯にある伝導電子の場合もあり得る．このときにはキャリヤとなっている電子とホールが同時に消滅することを意味する．これを**再結合**と呼ぶ．通常，熱振動による伝導電子ホール対の発生とキャリヤの再結合が半導体内部でつりあっていて，実効的なキャリヤの増減はない．この状態を平衡状態と呼ぶ．そのときの伝導電子濃度を n_0，ホール濃度を p_0 で表すことにする．式 (3.20) で説明したように，平衡状態では $n_0p_0 = {n_i}^2$ と書くことができる．ここに，n_i は真性キャリヤ濃度である．

今，p 型半導体に光を照射した状態を考える．光のエネルギー $h\nu$（h はプランク定数，ν は光の振動数）がバンドギャップの値より大きいとすると，このエネルギーが半導体に吸収され，熱励起の場合と同じように，価電子帯の電子が励起され伝導電子帯に遷移する結果，電子ホール対が発生する．Si のバンドギャップは 1.1 eV なので，これより大きなエネルギーを持つ光，すなわち赤外線より波長が短い光を照射すると，このような現象が起きる．一定時間光を照射した後に照射を止めると，電子ホール対の生成より再結合の割合が増えて，電子濃度，ホール濃度は次第に平衡状態の値に近づく．光を照射している状態のように，外部からの刺激で平衡状態ではない状態にあるとき，半導体は**非平衡状態**にあるという．平衡状態のときのキャリヤ濃度との差を**過剰キャリヤ濃度**と呼び，次のように表すことにする．

$$n'_p = n_p - n_{p0} \tag{3.36}$$

$$p'_p = p_p - p_{p0} \tag{3.37}$$

ここで下付添え字 p は，p 型半導体における電子濃度とホール濃度を表すために用いた．平衡状態からの変化分は光照射による電子ホール対の生成であるから，$n'_p = p'_p$ である．一方，p 型半導体では $p_{p0} \gg n_{p0}$ が成立している．したがって少数キャリヤである電子濃度の増加分が顕著であるのに対して，多数キャリヤであるホールは照射前から大量に存在するので，変化分は無視できる場合が多い．

このような状況で，光照射を止めたときの，少数キャリヤである伝導電子の濃度の時間変化を考えてみる．電子の周囲には多数のホールが存在するため，光照射で励起された電子は周囲のホールと再結合し，電子濃度は平衡状態の値 n_{p0} に近づく．その過程で，多数キャリヤであるホールの濃度はそれほど変わらない．1 個の電子が単位時間あたり再結合する確率を α とすると，Δt の時間に再結合による電子濃度の変化は

$$n'_p(t) - n'_p(t + \Delta t) = n'_p(t)\alpha\Delta t \tag{3.38}$$

と書ける．これを

$$\frac{n_p'(t+\Delta t)-n_p'(t)}{\Delta t}=-n_p'(t)\alpha \tag{3.39}$$

と変形して，$\Delta t\to 0$ の極限をとると次の微分方程式を得る．

$$\frac{dn_p'}{dt}=-n_p'\alpha \tag{3.40}$$

$t\to\infty$ で $n_p'\to 0$ であり，$t=0$ で $n_p'=n_p(0)$ と仮定すれば次式が得られる．

$$n_p(t)=(n_p(0)-n_{p0})\exp(-\alpha t)+n_{p0} \tag{3.41}$$

図 3.28 には $n_p(t)$ の時間変化の様子を示す．$t=1/\alpha\equiv\tau_n$ のとき，式 (3.41) からわかるように過剰キャリヤ濃度 n_p' は初期値の $1/e$，約 1/3，になる．τ_n は時間の次元を持ち，**少数キャリヤの寿命**と呼ばれる．この時間は，平衡状態に戻るために必要な時間の目安を与える．

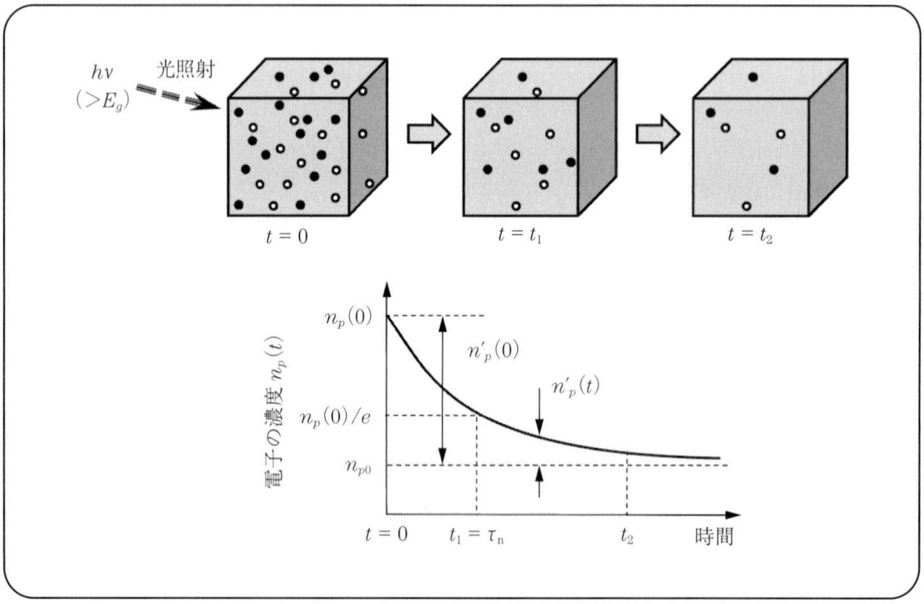

図 3.28　過剰少数キャリヤの再結合

本章のまとめ

電子デバイスの主要部分に用いられる半導体におけるキャリヤの挙動について説明した.

❶ シリコン原子がダイヤモンド構造を持つ結晶を作るとき，原子のエネルギー準位が束ねられ，許容帯と禁制帯からなるエネルギーバンドが形成される．シリコン結晶でエネルギーが低いバンドから順に電子を詰めていくと，電子が詰まった価電子帯と電子が空の伝導電子帯が1.1 eVのエネルギーギャップを持つ禁制帯で隔てられた状態が実現する.

❷ 半導体における電流の担い手は伝導電子帯の電子と，価電子帯のホールである．これらをまとめてキャリヤと呼ぶ．不純物が添加されていない半導体を真性半導体と呼び，キャリヤは熱励起により発生する．真性半導体では電子とホールの濃度が等しく，それを真性キャリヤ濃度と呼ぶ.

❸ キャリヤ濃度は半導体に添加する不純物の濃度により制御できる．不純物が添加されキャリヤ濃度が不純物濃度で支配されている半導体を外因性半導体と呼ぶ．Ⅲ族元素の不純物をアクセプタと呼び，ホールを放出し陰イオンとなる．おもにホールによる電流が支配的な半導体をp型半導体と呼ぶ．V族元素の不純物をドナーと呼び，電子（伝導電子）を放出し陽イオンとなる．おもに電子による電流が支配的な半導体をn型半導体と呼ぶ.

❹ 電子の分布はフェルミ分布関数で記述され，キャリヤ濃度はフェルミ準位の位置で表すことができる．フェルミ準位は，n型半導体では伝導電子帯の近く，p型半導体では価電子帯の近く，真性半導体では禁制帯の中央に，それぞれ位置する.

❺ 半導体中の電流には，印加した電界に起因するドリフト電流と，電界とは無関係でキャリヤの濃度勾配に起因する拡散電流がある．ドリフト過程では，電界の強さとキャリヤの速度とは比例関係にあり，比例定数をキャリヤの移動度と呼ぶ．キャリヤが移動するとき，原子の熱振動や添加不純物で散乱されるため，移動度が低下する.

❻ 少数キャリヤ濃度が熱平衡状態のときの値より高いと，多数キャリヤとの再結合により，それは時間とともに減衰し，平衡状態の値に近づく.

以下の章では実際のデバイス構造の中でキャリヤの動きを考えることで，デバイスの機能を説明していく.

●理解度の確認●

問 3.1 ボロン（B）を不純物として添加したSiがある．このSiの伝導型はp型かn型か，また多数キャリヤ，少数キャリヤはそれぞれ何か．更に多数キャリヤが発生する機構を簡単に説明せよ．

問 3.2 半導体中に存在する電荷を挙げ，固定電荷と可動電荷に分けよ．また，その中でキャリヤと呼ばれるのはどれか？

問 3.3 外因性半導体であっても温度が十分高いと真性半導体と見なすことができる．その理由を説明せよ．

4 pn 接合

前章では，電流を流す担い手であるキャリヤが伝導電子である n 型半導体と，それがホールである p 型半導体の 2 種類が存在することを説明した．この章ではこれらの二つの半導体をつなぎ合わせた pn 接合の電気的特性について，エネルギーバンド図を用いて説明する．pn 接合は整流作用を持つデバイスとしてそれ自体で用いられるだけでなく，あらゆる電子デバイスを構成するためのキーパーツとして利用される．後に続く章を読み解くためには，pn 接合の働きを理解することが必須である．

4.1 pn接合のバンド図

4.1.1 pn接合の構造

3.2節で説明したバンド図の考え方に基づき，電子デバイスの基本的な構成要素であるpn接合について説明する．pn接合は単体素子として回路に使われる場合もある．そのときにはpnダイオード，あるいは単にダイオード，と呼ばれる場合が多い．電子デバイスの電気的特性を解明するためには，半導体中のキャリヤである電子とホールの挙動を解析する必要がある．それに不可欠なのがこれから説明する**バンド図**である．バンド図はキャリヤのエネルギー状態を決めていて，エネルギー状態がキャリヤの挙動を支配しているからである．

pn接合とはp型半導体とn型半導体を図**4.1**(a)のように組み合わせたものである．より詳しくいうと，この図のpn接合は，一つの半導体の左半分にアクセプタ元素を，右半分にドナー元素をそれぞれ添加することによって作製したものである†．前章で説明したように，アクセプタは陰イオンとなりホールを放出し，ドナーは陽イオンとなり伝導電子を放出する．

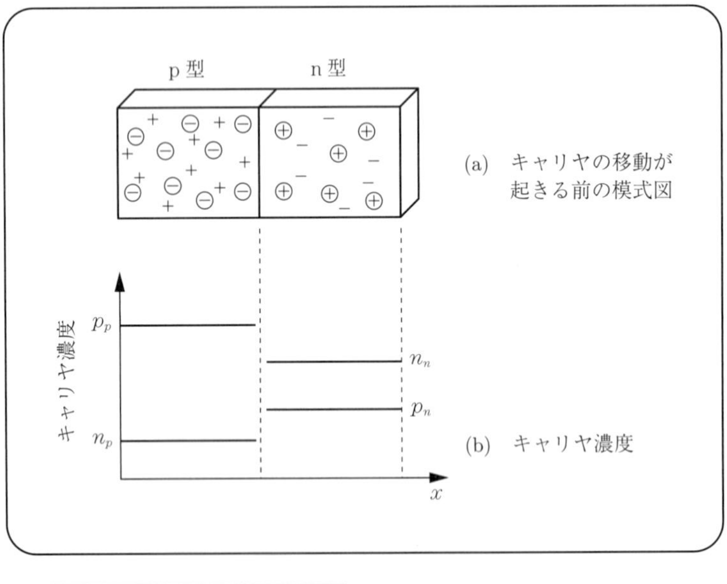

図**4.1**　**pn接合の構造**

† p型とn型の半導体を別々に準備して，貼り合わせることでpn接合を作ることも原理的には可能だが，原子レベルで隙間なく，しかも，原子配置の周期性が乱れることなくお互いを配置し，全体で一つのダイヤモンド構造になるように組み合わせる必要があり，現実的な方法ではない．

図中の + と − はそのようにして放出されたホールと伝導電子を，⊕ と ⊖ はドナー陽イオンとアクセプタ陰イオンをそれぞれ表しているものとする．特に断らない限り，伝導電子のことを単に電子と呼ぶことにする．また，すべてのアクセプタとドナーはキャリヤを放出しイオン化していると仮定している．これらの電荷のうち，電子とホールは半導体内部を動くことができるが，ドナーとアクセプタは Si 原子と共有結合していて，動くことができない．○で囲んだのは固定電荷であることを忘れないためである．これらのことが以下の解析で重要な意味を持つ．

図 4.1 (b) はそれぞれの部分でのキャリヤ濃度を示す．p 型半導体のホールと電子の濃度を p_p と n_p で，n 型半導体の電子とホールの濃度を n_n と p_n で，それぞれ表すことにする．不純物を添加した半導体では多数キャリヤは少数キャリヤより十分に多く存在すると考えてよい．すなわち，$p_p \gg n_p$ 及び $n_n \gg p_n$ である．そこで，簡単化のため図 4.1 (a) では多数キャリヤのみを示した．更にこの例では左半分のアクセプタ濃度 N_A が右半分のドナー濃度 N_D より高く，したがって $p_p > n_n$ であると仮定した．

4.1.2 キャリヤの拡散と空乏層の形成

p 型半導体と n 型半導体の境界を pn 接合の接合面と呼ぶ．結晶は接合面の左右で同じ周期性を保っており，電子とホールの動きを妨げるものが何もない．そのため，**図 4.2** (a) に示すように，n 型半導体の電子は右から左へ，p 型半導体のホールは左から右に，それぞれ移動できる．すると，例えば p 型半導体に入った電子はそこでの多数キャリヤであるホールの一つと再結合し，電子とホールが 1 個ずつ消滅する．n 型に入ったホールも電子と再結合

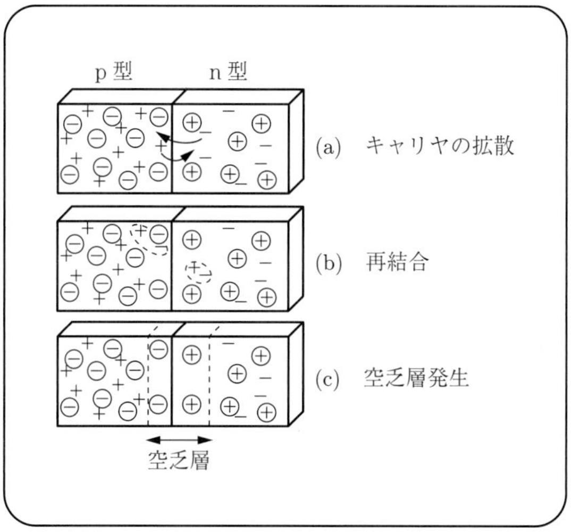

図 **4.2** 空乏層発生のメカニズム

し，そこでも電子とホールが1個ずつ消滅する．その様子を図4.2 (b) に示す．破線で囲んだキャリヤが再結合することを示した．このように電子とホールが接合面を越えて移動するたびに再結合が起こり，キャリヤの数が減る．その結果，n型半導体では正電荷であるドナー陽イオンの数が負電荷である電子の数を上回り，正に帯電する†．すると，p型半導体のホールと正に帯電したn型半導体の間に働くクーロン反発力のため，ホールが接合面を越えてn型半導体に移動しにくくなる．また，p型半導体のホールはn型半導体から遠ざかるように分布する．一方で，p型半導体では負電荷であるアクセプタ陰イオンの数が正電荷であるホールの数を上回り，負に帯電するため，電子が接合面を越えてp型半導体に移動しにくくなると同時に，n型半導体の電子はp型半導体から遠ざかるように分布する．

ここで，電子やホールと異なり，アクセプタ陰イオンとドナー陽イオンは半導体中で動けな

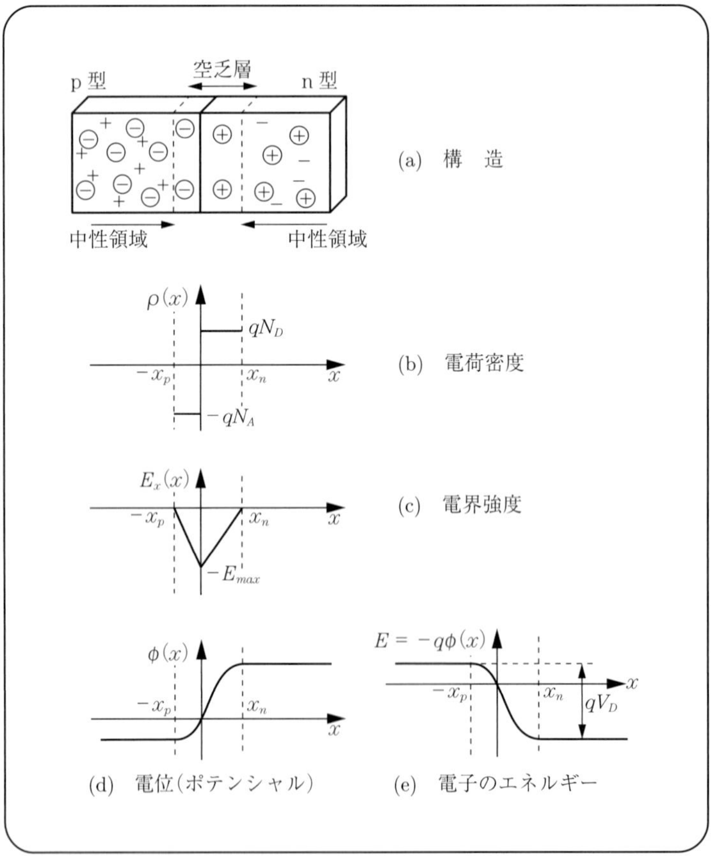

図 4.3　pn 接合の電荷，電界，電位と電子のエネルギー

† n型やp型のnやpに惑わされてはいけない．p型，n型というのはあくまでもキャリヤの極性を示すものである．p型半導体中には陰イオン，n型半導体中には陽イオンが存在し，通常は全体としては電気的に中性であることを忘れてはならない．

いことを思い出そう．電子やホールが接合面から遠ざかった結果，図 4.2 (c) に示すように，接合面にこれらのイオンが取り残された層ができる．クーロン反発力によりキャリヤが無くなり，キャリヤが空乏化した部分なので**空乏層**と呼ばれる．pn 接合では接合面にこのようにしてできた空乏層が必ず存在する．空乏層の外側の n 型及び p 型半導体では，電子とドナー陽イオン，ホールとアクセプタ陰イオンの数がつりあっていて，電気的に中性な領域になっていることにも注意が必要である．この部分は空乏層と区別する意味で**中性領域**と呼ばれる．**図 4.3** (a) を参照して欲しい．

4.1.3 電荷，電界，電位

電磁気学の知識を活用して，以上の事柄を定量的に解析してみよう．図 4.3 (a) から電荷密度が

$$\rho(x) = \begin{cases} 0 & (x < -x_p) \\ -qN_A & (-x_p \leqq x < 0) \\ qN_D & (0 \leqq x < x_n) \\ 0 & (x_n \leqq x) \end{cases} \tag{4.1}$$

のように書けることがわかる．ここで，x_p と x_n は，図 4.3 (b) に示すように，それぞれ p 型及び n 型半導体に広がった空乏層の幅と定義した．また，N_A と N_D はそれぞれアクセプタ濃度とドナー濃度である．x 軸は接合面を原点とし，それと垂直に選んだ．

電荷密度と電界とは

$$\frac{dE_x(x)}{dx} = \frac{\rho(x)}{\varepsilon} \tag{4.2}$$

の関係にあることを利用して電界を求めることができる．ここに，E_x は x 方向の電界成分，ε は Si の誘電率である．これを積分することで次式を得る

$$E_x(x) = \begin{cases} 0 & (x < -x_p) \\ -\dfrac{q}{\varepsilon}N_A(x + x_p) & (-x_p \leqq x < 0) \\ \dfrac{q}{\varepsilon}N_D(x - x_n) & (0 \leqq x < x_n) \\ 0 & (x_n \leqq x) \end{cases} \tag{4.3}$$

p 型及び n 型の中性領域では電界が 0 であること，それぞれの領域の境界では E_x が一致することに注意する．図 4.3 (c) にその様子を示す．E_{max} は電界の強さの最大値で

$$E_{max} = -\frac{q}{\varepsilon}N_A x_p = -\frac{q}{\varepsilon}N_D x_n \tag{4.4}$$

と書き表すことができる．この式から

$$\frac{N_A}{N_D} = \frac{x_n}{x_p} \tag{4.5}$$

という重要な関係式が導かれる．この式は空乏層がドーピング濃度の低い半導体側により長く延びることを意味する．今の場合は $N_A > N_D$ であったから，$x_n > x_p$，すなわち n 型半導体側に空乏層がより長く延びることになる．

更に，電界と電位（ポテンシャル）$\phi(x)$ の関係

$$\frac{d\phi(x)}{dx} = -E_x(x) \tag{4.6}$$

あるいは**ポアソン方程式**

$$\frac{d^2\phi(x)}{dx^2} = -\frac{\rho(x)}{\varepsilon} \tag{4.7}$$

を用いることで次式が得られる．

$$\phi(x) = \begin{cases} -\dfrac{q}{\varepsilon}\dfrac{N_A}{2}x_p^2 & (x < -x_p) \\ \dfrac{q}{\varepsilon}\dfrac{N_A}{2}(x+2x_p)x & (-x_p \leqq x < 0) \\ -\dfrac{q}{\varepsilon}\dfrac{N_D}{2}(x-2x_n)x & (0 \leqq x < x_n) \\ \dfrac{q}{\varepsilon}\dfrac{N_D}{2}x_n^2 & (x_n \leqq x) \end{cases} \tag{4.8}$$

4.1.4　電子のエネルギーとバンド図

ここで電位（ポテンシャル）とバンド図の重要な関係を考える必要がある．**図 4.4** には電界が存在するときの電子のエネルギーと電位（ポテンシャル）の関係を，重力による質点の位置エネルギーとの類似性と合わせて示す．

この図から明らかなように，電位 ϕ と電子のエネルギー E とは

$$E = -q\phi \tag{4.9}$$

の関係にある†．ただし，ϕ_0 を電位の基準とし，$\phi_0 = 0$ とした．このことから，pn 接合に

† エネルギーと電界との表記法の違いに注意する．E はエネルギーを，$\vec{E} = (E_x, E_y, E_z)$ は電界をそれぞれ表わすものとする．

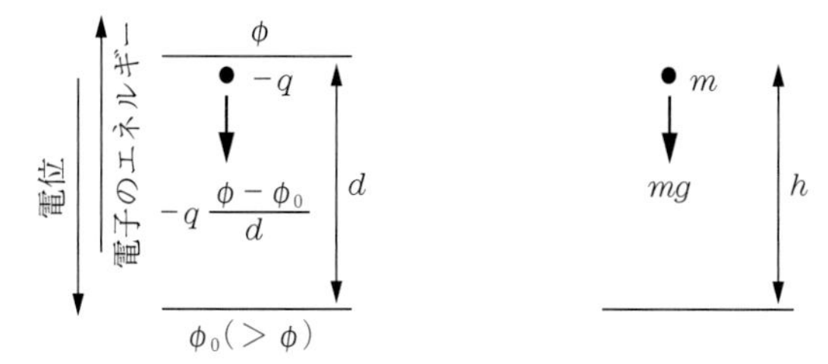

(a) 電子のエネルギー $(-q(\phi-\phi_0))$

(b) 質点の位置エネルギー (mgh)

図 4.4 電子のエネルギーと質点の位置エネルギー

おける電子のエネルギーを図 4.3 (e) のように描くことができる．n 型半導体の電子から見たとき，p 型半導体との間にポテンシャル障壁 qV_D が存在する．qV_D は外部から pn 接合に印加した電圧によって発生したものではなく，pn 接合に内蔵された電位差であるため**内蔵電位**と呼ばれる．また，キャリヤの拡散によって発生した電位差であるため**拡散電位**と呼ばれることもある．

内蔵電位は，電子が n 型半導体から p 型半導体に拡散し再結合が起こった結果，p 型半導体が負に帯電し，電子が更に拡散してくるのを拒むように作用することに起因する．式 (4.8) から，V_D を次のように求めることができる．

$$V_D = -(\phi(x_p)-\phi(x_n)) = \frac{q}{\varepsilon}\frac{N_A}{2}x_p^2 + \frac{q}{\varepsilon}\frac{N_D}{2}x_n^2 = \frac{qN_Ax_pW}{2\varepsilon} = \frac{qN_Dx_nW}{2\varepsilon} \tag{4.10}$$

ここで W は空乏層の幅 x_p+x_n を表す．n 型，p 型半導体のドーピング濃度が十分に低く，$N_A=N_D\cong 0$ ならば $V_D\cong 0$ で拡散電位は 0 である．真性半導体同士を組み合わせてもポテンシャル障壁が発生しないことに相当する．ドーピング濃度が増加するとともに拡散電位も大きくなる．また，式 (4.5) を用いると式 (4.10) から

$$W = \sqrt{\frac{2\varepsilon V_D(N_A+N_D)}{qN_AN_D}} \tag{4.11}$$

が成り立つことがわかる．

電子のエネルギーがわかったので pn 接合のバンド図を描くことができる．それを**図 4.5** に示した．

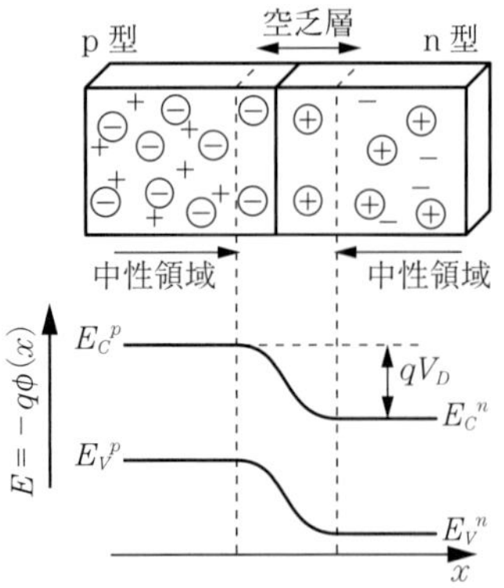

図 4.5　pn 接合のバンド図

4.1.5 pn 接合におけるフェルミ準位

pn 接合のバンド図を**フェルミ準位**の考え方を用いて説明する．p 型 Si，n 型 Si のフェルミ準位をそれぞれ $E_F{}^p$，$E_F{}^n$ とすると，これらは一致している必要がある．すなわち，$E_F{}^p = E_F{}^n$ が成り立つ．これを理解するには，フェルミ分布関数 $f_F(E)$ がエネルギー E の準位に電子が存在する確率であることを思い出す必要がある．もし p 型 Si と n 型 Si でそれぞれのフェルミ準位が異なっていて，例えば $E_F{}^p > E_F{}^n$ であったとする．この場合，p 型 Si と n 型 Si で同じエネルギーを持つ準位の電子の存在確率を比較してみると，p 型 Si の方が存在確率が高いことになる．pn 接合では p 型 Si と n 型 Si の間で自由に移動が可能であり，p 型から n 型に移動する電子の数は p 型 Si に存在する電子数に比例し，n 型から p 型に移動する電子の数は n 型 Si に存在する電子数に比例するはずであるから，今の場合，差し引き p 型から n 型への電子の流が発生することになる．この流れは $E_F{}^p = E_F{}^n$ になるまで続く．逆に $E_F{}^p < E_F{}^n$ では，n 型から p 型への電子の流れが発生し，この流れもまた $E_F{}^p = E_F{}^n$ になるまで続く．したがって，pn 接合が形成され，電子が相互に移動すれば，自動的に $E_F{}^p = E_F{}^n$ が成立することになる．その時のバンド図を**図 4.6** に示す．

n 型 Si ではフェルミ準位が伝導電子帯下端に近く，p 型 Si ではフェルミ準位が価電子帯下端に近いので，$E_F{}^p = E_F{}^n$ が成立しているということは，n 型 Si の伝導電子帯と価電子帯が p 型 Si のそれと比較して低くないといけない．低くなった分が，先に説明した拡散電位に相当するエネルギー差に等しくなる．

pn 接合の拡散電位 V_D について考えてみる．フェルミ準位が揃うことを思い出せば

$$qV_D = E_V{}^p - E_V{}^n = E_C{}^p - E_C{}^n = E_F{}^{ip} - E_F{}^{in} \tag{4.12}$$

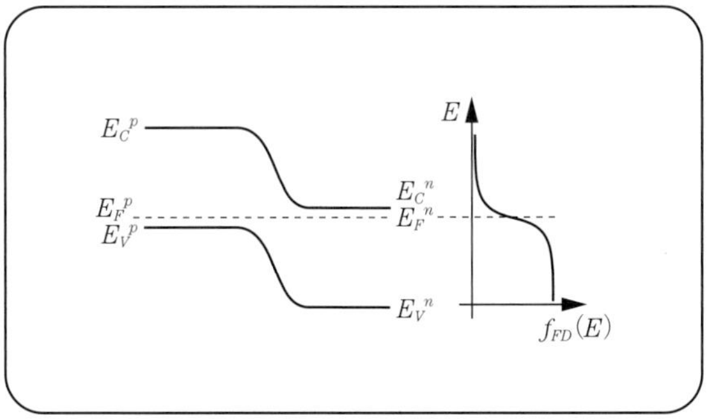

図 4.6　pn 接合における フェルミ準位の一致

である．ここに，$E_F{}^{ip}$，$E_F{}^{in}$ はそれぞれ p 型及び n 型半導体が真性半導体であると考えたときのフェルミ準位で，禁制帯の中央にあると考えてよい．電位に q を掛けてエネルギーの次元に揃えていることに注意して欲しい．式 (3.18) 及び式 (3.19) で示したように

$$n_n = n_i \exp\left(-\frac{E_F{}^{in} - E_F{}^n}{kT}\right) = N_D \tag{4.13}$$

$$p_p = n_i \exp\left(-\frac{E_F{}^p - E_F{}^{ip}}{kT}\right) = N_A \tag{4.14}$$

が成立するから，この式を式 (4.12) に代入し，$E_F{}^p = E_F{}^n$ を用いて整理すると，拡散電位を表す式

$$V_D = \frac{kT}{q} \ln \frac{N_D N_A}{n_i{}^2} \tag{4.15}$$

が得られる．もし，p 型，n 型の添加不純物濃度が十分に低く，それぞれが真性半導体のように振る舞っている場合には，$N_D = n = n_i$，$N_A = p = n_i$ なので $V_D = 0$ となり，フラットなバンド図となる．

4.2 pn 接合の電流電圧特性

4.2.1 定性的考察

前節で説明した pn 接合のバンド図を用いて電流と電圧の関係（電流電圧特性）を定性的に考えてみよう．すなわち，**図 4.7** (a) や図 (b) に示すように電圧源を接続したときに流れる電

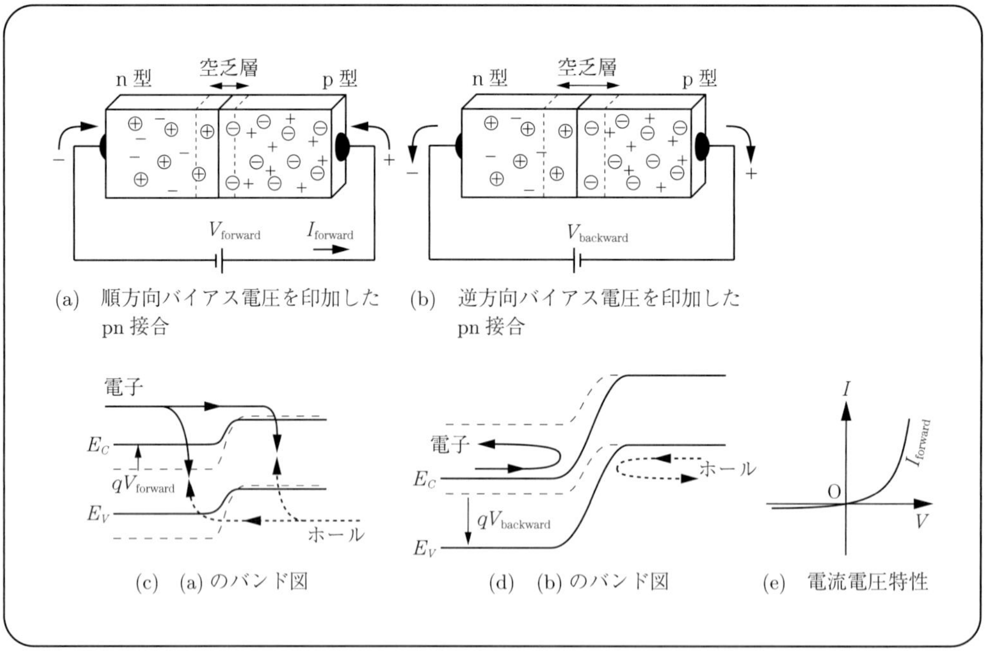

図 4.7　順方向と逆方向のバンド図と電流電圧特性

流を考えてみる．図 (a) では p 型に n 型より高い電位を与え，p 型から n 型に電流を流そうとしている．このとき電子は電源の負電極側から n 型半導体に流れ込む．p 型半導体からは電子が導線に流れ出て，電源の正電極に向かって流れる．これは正の電荷が導線から p 型半導体に流入し，その中でホールとして n 型半導体に向かって流れると考えることができる．図 (b) ではその逆に，n 型に p 型より高い電位を与え，n 型から p 型に電流を流そうとしている．

まず，図 (a) で流れる電流について考えてみる．電圧を印加する前には，4.1.4 項で説明したように，電子が n 型から p 型に拡散しようとする作用と，拡散電位によりそれを妨げようとする作用がつりあっていた．電圧を印加し，導線から電子が n 型に流入すると，n 型半導体内の電子の数が増加し，p 型への拡散が促進される．逆に p 型半導体内のホールの数も増加し，n 型への拡散が促進される．その結果，電圧印加による電流が流れる．

図 (c) のバンド図を用いてもう少し詳しく考えよう．電位差を与えることは，電子の位置エネルギーを変化させることを意味する．p 型半導体を基準に考えると，p 型 n 型の間に電位差 $V_{forward}$ を与えることは，$qV_{forward}$ だけ n 型半導体のエネルギーを高めることに相当する．その結果，この図の実線で示すようにバンド図が変化し，拡散電位が減少する．そのため，電子とホールの拡散が促進され，電流が流れることになる．p 型及び n 型に入った電子及びホールは，そこの多数キャリヤと再結合して消滅する．多数キャリヤの数が減少した分だけ，電源から導線を通して電荷が補充され，電流が流れ続ける．これとは逆に，図 (b) のように電源をつなぐと，図 (d) に示すようにポテンシャル障壁が高くなり，キャリヤの拡散を阻止するように作用するため電流が流れない．すなわち，電流を電圧の関数として描くと図 (e) に示すようになる．このように電位差が印加された状態の pn 接合を，それぞれ**順バイアス状態**及び**逆バイアス状態**の pn 接合と呼ぶ．

以上のことから考えられる電圧と電流の関係を図 (e) に示す．このような電流電圧特性を**整流特性**と呼ぶ．整流とは交流を直流に変換する機能を言い，pn ダイオードの最も一般的な使用方法の一つである．また，整流特性は，アンテナで受信した高周波無線信号から低周波信号成分を抽出する**検波**にも利用される．

順バイアス状態の pn 接合のキャリヤ濃度について**図 4.8** を用いて説明する．この図は順方向バイアス電圧 V を印加したときのバンド図と中性領域内の少数キャリヤの分布を示す．接合面を越えて n 型，p 型それぞれに拡散したキャリヤは，内部に進むにつれて多数キャリヤとの再結合により数が減少する．境界面から十分離れた場所では，熱平衡状態の値 p_{n0} 及び n_{p0} に近づく．順バイアス状態の pn 接合で起きるこのような現象は，**少数キャリヤの注入**と呼ばれる．

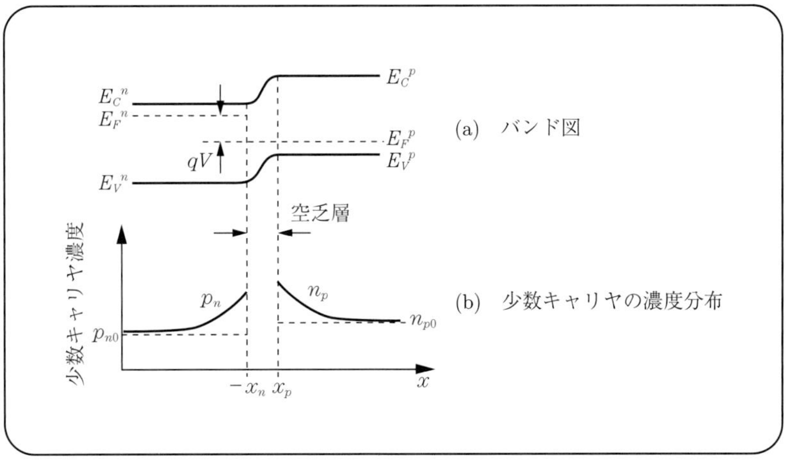

図 4.8 順方向 pn 接合の少数キャリヤ濃度分布

4.2.2 電流連続の式

半導体の中では 3.5 節で説明したキャリヤの拡散，ドリフト，再結合が同時進行的に起こる．電圧が印加されたときに半導体に流れる電流を求めるためにはこれらを総合的に考える必要がある．以下では，拡散と再結合に注目して，キャリヤ濃度と電流について考察する．

図 4.9 に示すように，断面積 A の棒状 p 型半導体中の左端から単位時間あたり一定の割合で，つまり定常的に少数キャリヤが注入している状況を考える．このとき，半導体内部ではホールと電子の再結合が起こる．今，半導体の棒の長さが十分に長いとすると，再結合が十分進んだ結果，右端付近における電子濃度は平衡状態の濃度 n_{p0} にほぼ等しくなっていると考えてよい．一方で，再結合によりホールが消費されるから，その分のホールを右端から供給する状況を想定している．このとき，半導体には右から左に向かって電流が流れている．

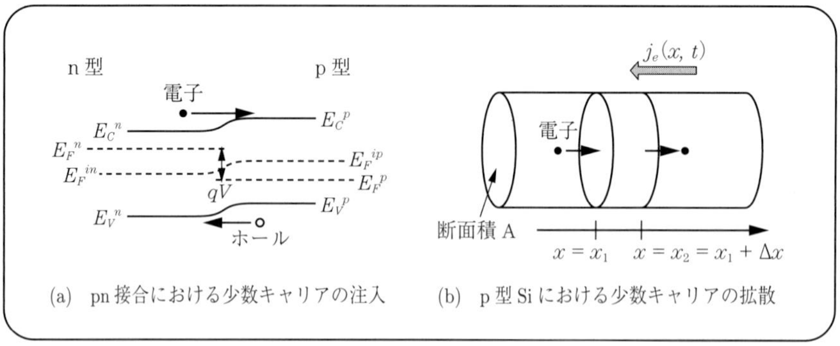

図 4.9　少数キャリヤの注入と拡散

電子濃度は左端から右端に向かって減少する濃度勾配ができているため，拡散により電子は左から右に流れている．したがってそれに起因する電子の拡散電流が右から左に流れていることになる．この電流成分を $j_e(x,t)$ と書くことにする．

$x = x_1$ と $x = x_2 = x_1 + \Delta x$ で囲まれた微小体積の伝導電子数の増減を数えてみる．ここでは $x \geqq x_p$，すなわち p 型半導体中性領域を考える．簡単化のため $x = x_p$ を x 軸の新たな原点 $(x = 0)$ とする．電流が右から左に流れているので電子は $x = x_1$ の面から流入し，$x = x_2$ の面から流出することになる．時間 Δt あたりの流入分は

$$-\frac{1}{q}Aj_e(x)\Delta t \quad (>0) \tag{4.16}$$

流出分は

$$\frac{1}{q}Aj_e(x+\Delta x)\Delta t \quad (<0) \tag{4.17}$$

と書くことができる．ここで，電流は x 軸負方向に流れているため，j_e は負であることを考慮した．一方，この微小体積内での再結合による電子の減少分は，3.5.2 項〔2〕で述べたとおり

$$-\frac{(n_p(x,t) - n_{p0})}{\tau_n}A\Delta x\Delta t \tag{4.18}$$

と表すことができる．したがって微小体積での電子数の時間変化は

$$(n_p(x,t+\Delta t) - n_p(x,t))\,A\Delta x \tag{4.19}$$

$$= -\frac{(n_p(x,t) - n_{p0})}{\tau_n}A\Delta x\Delta t - \frac{1}{q}Aj_e(x)\Delta t + \frac{1}{q}Aj_e(x+\Delta x)\Delta t \tag{4.20}$$

と書ける．両辺を $A\Delta x\Delta t$ で割り，$\Delta x \to 0$，及び，$\Delta t \to 0$ の極限を考えると

$$\boxed{\frac{\partial n_p(x,t)}{\partial t} = -\frac{(n_p(x,t) - n_{p0})}{\tau_n} + \frac{1}{q}\frac{\partial j_e(x)}{\partial x}} \tag{4.21}$$

という式が得られる．これが少数キャリヤである伝導電子の濃度が満足すべき式であり，**電流連続の式**と呼ばれている．

4.2.3 電流電圧特性の導出

〔1〕 **電流連続の式の適用**　電流連続の式を用いて pn 接合の電流電圧特性を導出してみよう．

今は，左端から電子が右端からホールが一定の割合で供給され，電子濃度分布の時間的な変化はない定常状態にあると考えることができるので，式 (4.21) で

$$\frac{\partial n_p(x,t)}{\partial t} = 0 \tag{4.22}$$

とできる．したがって，電流連続の式は

$$\frac{1}{q}\frac{\partial j_e(x)}{\partial x} = \frac{(n_p(x,t) - n_{p0})}{\tau_n} \tag{4.23}$$

と書くことができる．更に，拡散電流を考えているので

$$j_e = qD_e\frac{dn_p}{dx} \tag{4.24}$$

であり，これを式 (4.23) に代入すると

$$D_e\frac{d^2n_p}{dx^2} = \frac{n_p - n_{p0}}{\tau_n} \tag{4.25}$$

となる．この微分方程式を解くと

$$n_p - n_{p0} = A\exp\frac{x}{L_n} + B\exp\left(-\frac{x}{L_n}\right) \tag{4.26}$$

が得られる．ここに $L_n \equiv \sqrt{D_e\tau_n}$ である．再結合の結果，右端付近では電子濃度が平衡状態の値に等しくなっていると考えてよいから，$x \to \infty$ では上式の左辺が 0 になるはずであ

る．すなわち $A=0$ でなければならない．一方，$x=0$ では $n_p=n_p(0)$ であるから

$$n_p - n_{p0} = (n_p(0) - n_{p0})\exp\left(-\frac{x}{L_n}\right) \tag{4.27}$$

が得られる．この式は $n_p(x)$ が x の増加とともに指数関数的に減衰し，次第に平衡状態の値 n_{p0} に近づくことを示している．L_n は少数キャリヤの拡散の目安を与える量であることがわかるであろう．この意味で L_n を p 型半導体中での電子の**拡散長**と呼ぶ．**図 4.10** は $n_p(x)$ の変化の様子を示す．

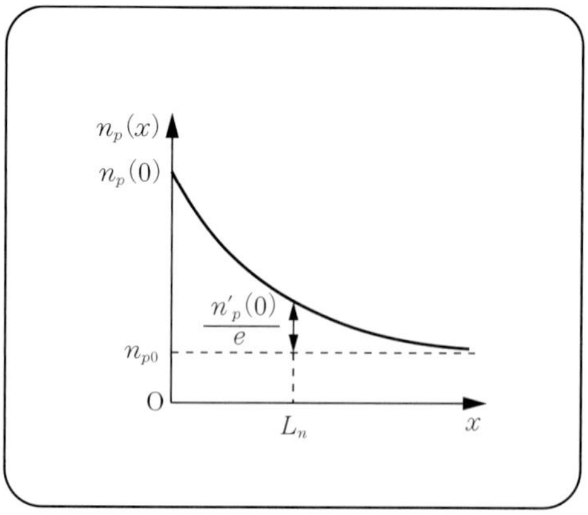

図 4.10　p 型半導体に注入された電子の拡散と拡散長

式 (4.24) に代入すれば，拡散電流は

$$j_e = -\frac{qD_e}{L_n}(n_p(0) - n_{p0})\exp\left(-\frac{x}{L_n}\right) \tag{4.28}$$

と表すことができる．負号は x 軸負方向に電流が流れることを表している．この式からわかるように，電子の拡散に起因する電流は半導体の右端に近づくにつれて指数関数的に減少する．一方，半導体を流れる電流は場所によらず一定であるはずである．この見かけの矛盾はホールによる電流を考慮することで解消する．すなわち，電子の注入に伴い，クーロン引力によりホールが左端方向に引き寄せられる．それにより電荷中性条件が満足され，今考えている半導体全域が電気的に中性領域になっている．このためホールが右から左に流れていて，電子の拡散電流との合計が一定になっている．

〔2〕 接合の式　さて，pn 接合の電流電圧特性を考える上で残っている課題は $n_p(0)$ を求めることである．図 4.9 (a) を用いて考えてみる．この図は n 型 Si と p 型 Si の間に順方向電位差 V を与えたときのバンド図を示す．このため

$$E_F{}^n - E_F{}^p = qV \tag{4.29}$$

だけ平衡状態から n 型と p 型の電子エネルギーがずれていることになる．さて，式 (3.18) 及び式 (3.19) によれば，電位差を与える前には，p 型 Si 内で

$$n_{p0} = n_i \exp\left(-\frac{E_F{}^{ip} - E_F{}^{p}}{kT}\right) \tag{4.30}$$

$$p_{p0} = n_i \exp\left(-\frac{E_F{}^{p} - E_F{}^{ip}}{kT}\right) \tag{4.31}$$

が成立していた．これらの式は電位差を与えた場合でも，接合面から十分離れた場所では成り立つと考えることができる．それに対して接合面近傍では絶えず電子が流入しているので電子濃度が平衡状態の値 n_{p0} よりかなり高くなっている．

ここでフェルミ準位がキャリヤ濃度を決める基準値の役割を担っていたことを思い出そう．この考え方を，p 型 Si における n 型 Si との境界付近の電子に適用すれば，これらの電子の濃度を表す基準値としてのフェルミ準位は $E_F{}^p$ ではなく，n 型 Si の電子と同じ $E_F{}^n$ を用いる方が妥当であると考えることができる．なぜなら，これらの境界付近の電子は n 型 Si から供給されたもので，その分布状態も n 型 Si のそれを引き継いでいると考えられるからである．そこで境界の電子濃度 $n_p(0)$ は

$$n_p(0) = n_i \exp\left(-\frac{E_F{}^{ip} - E_F{}^{n}}{kT}\right) = n_i \exp\left(-\frac{E_F{}^{ip} - E_F{}^{p} - qV}{kT}\right) \tag{4.32}$$

すなわち

$$n_p(0) = n_{p0} \exp\frac{qV}{kT} \tag{4.33}$$

と書けることがわかる．順方向の電位差を増加するにつれて，$n_p(0)$ が平衡状態の値 n_{p0} から指数関数的に増加することがわかる．この式は**接合の式**と呼ばれる．

〔**3**〕 **電流電圧特性** pn 接合の電流電圧特性を導出するために，更に一工夫する．pn 接合に流れる電流成分は場所により変化するが，接合近傍では空乏層と中性領域との境界における少数キャリヤの拡散電流が支配的であると考える†．そこで改めて $j_e(0)$ を求めてみる．式 (4.33) を式 (4.28) に代入すると

$$j_e = j_e(0) = -\frac{qD_e}{L_n} n_{p0} \left(\exp\frac{qV}{kT} - 1\right) \tag{4.34}$$

となる．式 (3.22) によれば

† この章の始めで空乏層を説明したときには，そこにキャリヤは存在しないと考えた．しかし，ここではキャリヤが空乏層を横切って流入することを想定しているから，流れる途中のキャリヤが空乏層に存在することになる．ただし，空乏層中の固定電荷に比べてその量ははるかに少ないので，無視することが電位を考える上ではよい近似となっていた．このような考え方は**空乏層近似**と呼ばれていて，ここでもその立場で説明している．

$$n_{p0} = \frac{{n_i}^2}{p_{p0}} = \frac{{n_i}^2}{N_A} \tag{4.35}$$

と書けるから，これを代入すると次式が得られる．

$$j_e = -\frac{qD_e{n_i}^2}{L_nN_A}\left(\exp\frac{qV}{kT} - 1\right) \tag{4.36}$$

全く同様に，p 型半導体から n 型半導体に流れ込む拡散電流 j_h も

$$j_h = -\frac{qD_p{n_i}^2}{L_pN_D}\left(\exp\frac{qV}{kT} - 1\right) \tag{4.37}$$

として求められる．したがって，pn 接合に流れる電流（密度）はこれらの和として表すことができ，そこから j を

$$j = j_e + j_h = -j_s\left(\exp\frac{qV}{kT} - 1\right) \tag{4.38}$$

と求めることができる．負号は x 軸負方向に電流が流れることを意味しているため，ここでは特に重要ではない．ここに j_s は**飽和電流**と呼ばれ

$$j_s = \frac{qD_p{n_i}^2}{L_pN_D} + \frac{qD_p{n_i}^2}{L_pN_D} \tag{4.39}$$

である．これは逆方向に電位差を与えたときに接合に流れる一定電流である．

以上の議論では当初，順方向に電位差を与えることを想定してきたが，逆方向の電位差でも本質的な違いはなく式 (4.38) は成立する．以上のようにして，pn 接合の整流特性を定量的に導出することができた．pn 接合に特徴的な指数関数的な電流増加は，フェルミ分布関数に含まれる指数関数に起因することがわかるであろう．このように電子デバイスの基本的な振る舞いは，基本的な物理法則と密接に関連している．

4.3 小信号等価回路

4.3.1 小信号抵抗

電子デバイスを用いた回路設計や動作解析で有用な小信号等価回路について説明する．pn 接合の電流電圧特性は式 (4.38) で与えられるが，これは指数関数を含んでいるため pn 接合を含む回路の解析を困難にする．もし図 **4.11** に示すように，その一部を切り出し，点 P（V_0,

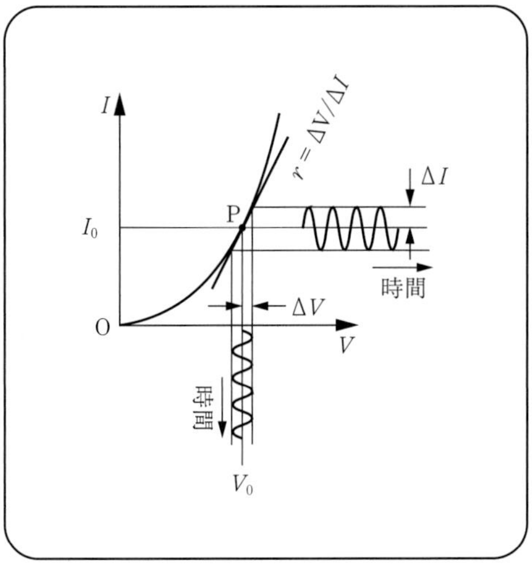

図 4.11 pn 接合の小信号動作

I_0）の付近で指数関数をべき級数に展開し，その 1 次の項のみを考えることにすれば，回路方程式は線形化され解析が極めて容易になる．これは順バイアス電圧 V_0 を印加し，そこに更に小さな正弦波を図のように重ねて入力し，出力信号として I_0 を中心に振動する電流成分を取り出すような回路動作に相当する．実際にアナログ信号を扱うアナログ回路ではこのような使われ方をすることが多い．正弦波振幅が十分小さい限り，このような近似が有効であると考えられる†．

実際に式 (4.38) を点 P（V_0, I_0）の付近で展開すると

$$I_0 + \Delta I = I_s \left(\exp \frac{q(V_0 + \Delta V)}{kT} - 1 \right) \tag{4.40}$$

$$\cong I_s \left(\exp \frac{qV_0}{kT} - 1 \right) + \frac{q}{kT} I_s \exp \frac{qV_0}{kT} \Delta V \tag{4.41}$$

を得る．ここで pn 接合の断面積を A として $I = Aj$ 及び $I_s = Aj_s$ とした．また，順方向電流の向きを正として，式 (4.38) の負号を無視した．指数関数部分が 1 より十分大きければ

$$I_0 = I_s \exp \frac{qV_0}{kT} \tag{4.42}$$

$$\Delta I = \frac{qI_0}{kT} \Delta V \tag{4.43}$$

が成り立つ．式 (4.43) より図 4.11 の点 P における接線の傾きの逆数は

† 振幅がやや大きく，線形近似が厳密には成立しない場合でも，このような考え方は回路動作を考察する上で有益で，見通しよく解析を進めるためにしばしば利用される．

$$\frac{\Delta V}{\Delta I}=\frac{kT}{qI_0} \tag{4.44}$$

と書くことができ，これは小振幅信号に対する点 P での抵抗と見なすことができる．

4.3.2 空乏層容量

回路構成要素として抵抗とともに重要な容量について考える．容量とは図 **4.12** (a) に示すとおり，素子の両端に電圧 V を印加したときに電荷 Q を蓄えることができる回路構成要素である．図 4.12 (b) で示すように，Q が V に比例する場合には

$$C\equiv\frac{Q}{V} \tag{4.45}$$

として容量を定義できる．一般には，図 4.12 (c) で示すように，Q が V に比例するとは限らない．しかし，このときでも微少な電圧変化 ΔV に対する電荷の変化 ΔQ を用いて

$$C\equiv\frac{\Delta Q}{\Delta V} \tag{4.46}$$

として小信号容量を定義できる．

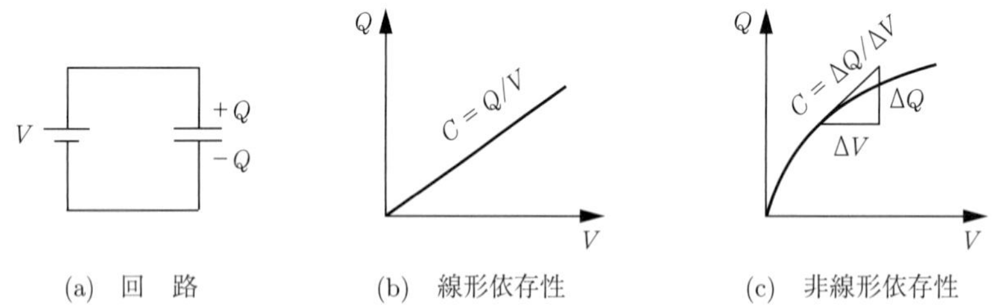

図 **4.12**　容量に蓄積される電荷と小信号容量

pn 接合に対してこのように定義される小信号容量について考えてみよう．すなわち，図 **4.13** (a) に示すように，pn 接合に印加した電圧を僅かに変化させたときに，蓄積されている電荷量がどの程度変化するか見積もることにする．4.1.2 項で説明したように，pn 接合では，キャリヤの拡散と再結合により，p 型，n 型半導体がそれぞれ負，正に帯電している．p 型半導体の負電荷はアクセプタ陰イオン，n 型半導体の正電荷はドナー陽イオンである．それらがそれぞれの多数キャリヤであるホール，電子の正電荷，負電荷と打ち消し合うことなく，空乏層に存在することを学んだ．印加電圧を変化させることで，空乏層厚が変化し，その中に含まれる電荷量も変化する．したがって，pn 接合は空乏層に起因する容量を持つと言える．この容量は**空乏層容量**と呼ばれる．なお，ここでは説明簡単化のため，pn 接合は逆バ

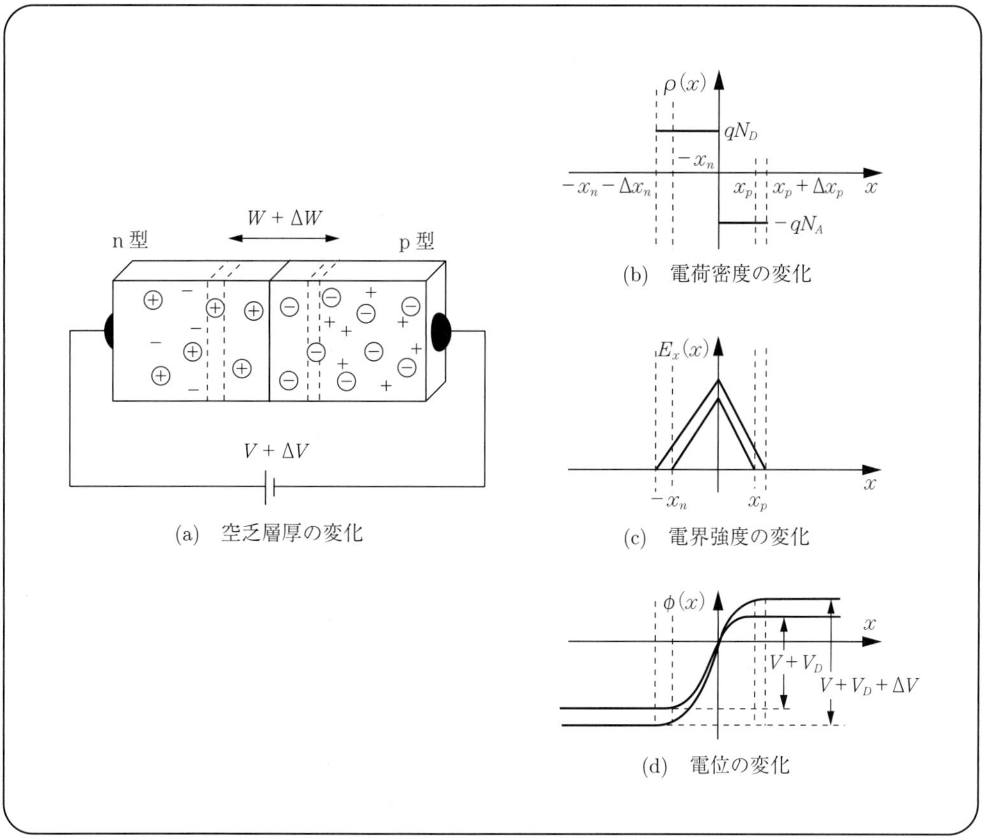

図 4.13 印加電圧変化に対する電荷，電界，電位の変化

イアス状態にあり，直流的な電流は流れていないとする†.

逆バイアス電圧を図 (a) に示すように ΔV だけ増加させたとき，空乏層が図 (b) に示すように p 型，n 型でそれぞれ Δx_p，Δx_n だけ伸びたとする．このとき，n 型半導体の空乏層に含まれる正電荷量の増加分 ΔQ は $qN_D A \Delta x_n$ である．ここで pn 接合の断面積を A とした．このときの電界の強さ，電位の変化を図 (c) 及び図 (d) にそれぞれ示す．4.1.4 項で式 (4.10) を導出した経過を同じようにたどれば

$$\Delta V = \frac{qN_A W}{\varepsilon}\Delta x_p = \frac{qN_D W}{\varepsilon}\Delta x_n \tag{4.47}$$

を得る．したがって求める空乏層容量 C_D は

$$C_D \equiv \frac{\Delta Q}{\Delta V} = \frac{qN_D A \Delta x_n \varepsilon}{qN_D W \Delta x_n} = \frac{\varepsilon A}{W} \tag{4.48}$$

† 順バイアス状態の pn 接合では，このほかに拡散容量と呼ばれる容量が存在し，空乏層容量より大きい場合が多い．詳しくは 6.3 節で説明する．

と求めることができる．この式をよく見てみると，空乏層容量は面積 A で電極間距離が W の平行平板容量と同じ式で書けていることがわかる．ドーピング濃度を低くすると空乏層が広がるため，空乏層容量は小さくなる．逆にそれを高くすると，容量は大きくなる．

2.3.3 項で示したようにデバイスの寄生容量は動作速度と密接に関係し，容量が大きくなると動作速度は低下する．後の章で説明するように，トランジスタは pn 接合を組み合わせて構成するため，たとえ pn 接合に電流が流れていなくても容量は存在していて，素子の高速性能に大きな影響を与えることに注意して欲しい．

以上に説明してきたことを回路としてまとめて描くと**図 4.14** のようになる．V_0 及び v はそれぞれバイアス電圧とそれに重ね合わせた小振幅信号成分である．図 (b) は低周波での**大信号等価回路**，図 (c) は高周波**小信号等価回路**である．r，C_D はそれぞれ式 (4.44) 及び式 (4.48) で与えられる．低周波の小信号に対しては図 (c) の容量成分が無視できる．また，逆バイアス状態では r を無視することができ，空乏層容量のみで表すことができる．

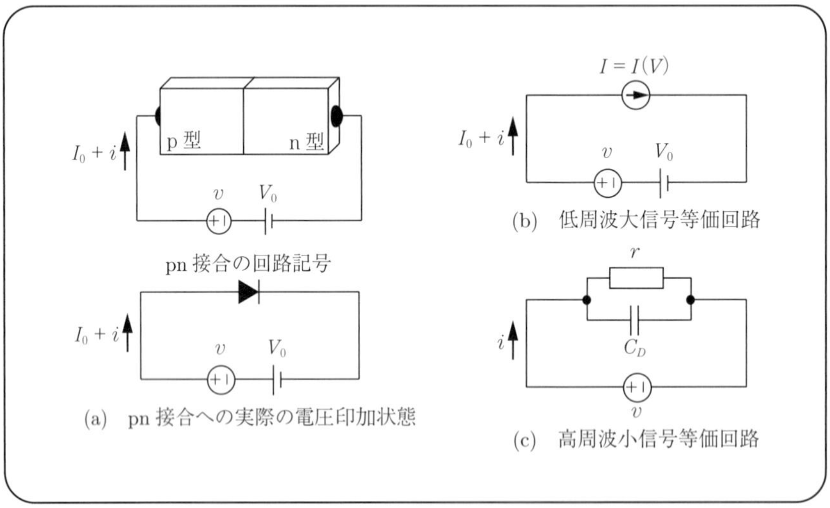

図 4.14　pn 接合への実際の電圧印加状態と等価回路

4.4 pn 接合に関わる諸現象

これまでに説明してきたことのほかにも，pn 接合では様々な興味深い現象が知られている．順方向にバイアスしたときの発光現象はその典型的な例である，発光ダイオード（LED）やレーザに用いられている．また，光を当てたときに電流が流れることも知られていて，受光素子や太陽電池などに利用されている．これらの光に関連する話題は別の教科書に譲り，ここでは，電子デバイスとして応用上重要と思われる現象を紹介する．

4.4.1 降伏現象

既に説明したように pn 接合には整流特性がある．逆バイアス状態では電流が流れないが，**図 4.15** (a) に示すように，逆バイアス電圧が大きくなると，ある電圧値（図では $-V_B$）で急激に電流が流れ始める現象が見られる．この現象を**降伏現象**（breakdown，**ブレークダウン**）と呼ぶ．この原因には二つの機構が知られている．一つは，**なだれ**（avaranche，**アバランシェ**）降伏である．図 (b) は大きな逆バイアス電圧が印加された状態の pn 接合のバンド図を示す．3.2.3 項で説明したように，半導体の中では熱励起により電子ホール対が常に一定の割合で生成される．図のように空乏層で伝導電子帯に電子が励起されると，強い電界により電子が加速され，大きな運動エネルギーを得る．加速された電子が価電子帯にある電子と衝突すると，価電子帯の電子がその運動エネルギーをもらって伝導電子帯に移ることができる．新たに伝導電子帯に移った電子は同様に加速され，更に価電子帯の電子を伝導電子帯に叩き上げる，という過程が連鎖的に起こり，大きな電流が pn 接合に流れることになる．小さな雪の塊が種となって大きな雪崩（なだれ）を引き起こすことに似ていることから，雪崩を意味するフランス語を用いてアバランシェ降伏と呼ばれる．

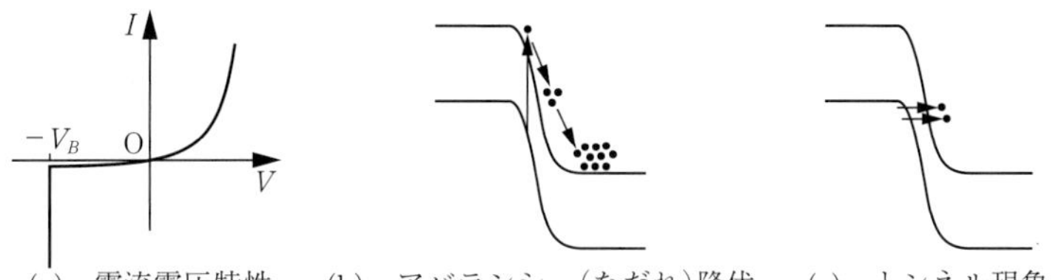

図 4.15 逆バイアス電圧印加時の降伏現象

図 (c) には別の原因を説明する．熱励起ではなく，価電子帯から伝導電子帯に**トンネル現象**で電子が移動する結果，大きな電流が流れる．その電子が種となりアバランシェにつながる場合もある．トンネル現象は量子力学においてよく知られている現象で，今の場合のように，ポテンシャル障壁を越えることが古典力学では不可能でも，粒子の持つ「波動性」のため，ポテンシャル障壁の反対側に粒子が透過できる現象をいう．詳しくは量子力学の教科書を読む必要があるが，一言でいえば，電子は粒子である一方，波としての性質を併せ持っており，電子の運動を遮るポテンシャル障壁があっても，波長程度の深さまでは波が侵入できることに起因する．したがって，ポテンシャル障壁の厚さが波長より厚ければ，波は減衰し波動がゼロになるため電子は透過しない．しかしポテンシャル障壁が今の場合のように薄くなると，波が充分減衰しないで反対側にたどり着くことができ，そこから波動が再び始まるため，透過が可能になる訳である．ポテンシャル障壁が薄く，高さが低ければ，波の減衰は少なく，トンネルしやすくなる．

デバイスに組み込まれた pn 接合で大きな逆バイアス電圧が印加された状態になると，このような降伏現象により大きな電流が流れ，正常なデバイス動作ができなくなる．近年の集積回路に用いられるトランジスタでは微細化が進み，大きな電界がかかりやすくなっているので，降伏現象が起こらないように動作電圧に制約がある．7.4 節で説明するが，ディジタル回路では微細化により高性能化が図れる．一方でアナログ回路では，信号を電圧振幅で表すことが多く，取り扱うことができる信号振幅が制限されるため，雑音の影響を受けやすくなるという欠点がある．また，大電力を扱うトランジスタでは，このような降伏現象が起こらないように素子構造が工夫されている．

一方，図 (a) に示したとおり，$-V_B$ では電流の値に関係なく，電圧が一定であり，電圧源として機能していると言える．この特性を利用した**ツェナーダイオード**と呼ばれる素子が知られている．降伏現象を積極的に活用した素子といえる．

4.4.2 トンネルダイオード

pn 接合において添加不純物の量を増やしていくと，式 (4.15) の ln の中が大きくなり V_D も増加する．極端な場合は qV_D が禁制帯幅 E_G より大きくなり，**図 4.16** に示すようなバンド図となる．n 型半導体の伝導電子帯には大量の電子が存在する一方，p 型の価電子帯には大量のホール，すなわち電子が存在しない部分が存在する．このとき順方向に電圧 $V = V_1$ を印加すると，n 型伝導電子帯の電子が禁制帯をトンネル現象で通り抜け，価電子帯の電子が空になっている準位に移動することができる．つまりトンネル現象による電流が流れる．印加電圧を V_1 から V_2 に増加させると，n 型半導体の伝導電子帯にある電子がトンネル現象で p 型に流入しようとしてもその先が禁制帯であり，行き先の準位がないため電流は流れない．そのため電圧を増加させたにも関わらず電流が減少する，という特異な現象が現れる．このような特性を**負性微分抵抗特性**と呼ぶ．4.3.1 項で説明したような小信号的な抵抗が負になる，という意味でこのように呼ばれる．更に電圧を V_2 から V_3 に増加させると，通常の pn 接合における順方向電流が流れるようになり，再び電流は増加する．したがって電流電圧特

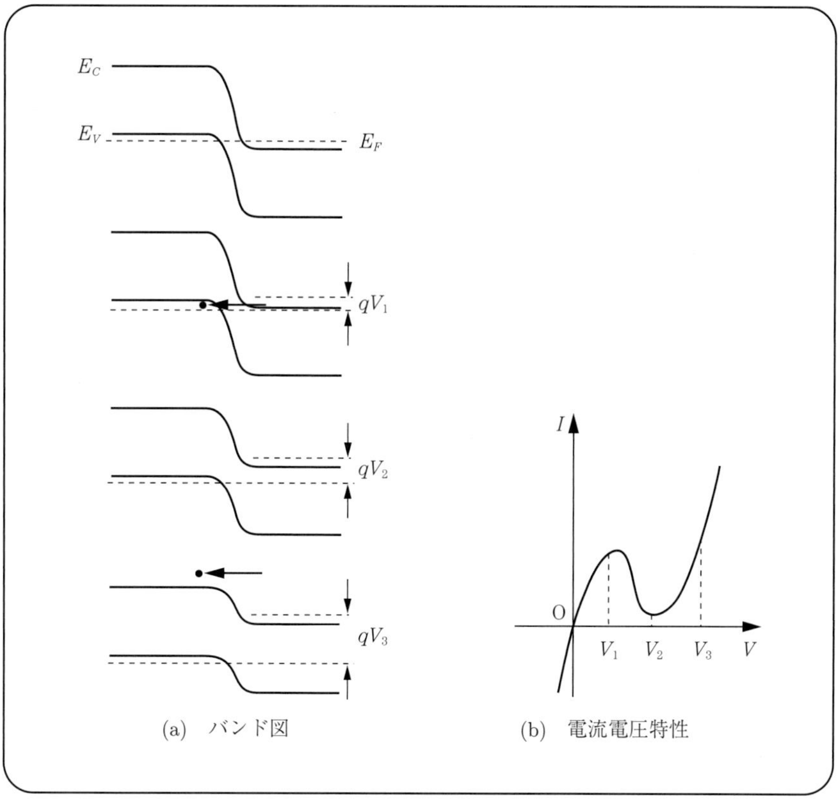

図 4.16 順バイアス印加時のトンネルダイオード

性は図 (b) で示すような N 型になる．このような pn 接合は**トンネルダイオード**，あるいは発明者の名を取って**エサキダイオード**と呼ばれている．

V_1 から V_2 の領域で見られる負性微分特性を利用することで大変興味深い回路が提案されている．例えば普通の LC 発振回路では，寄生抵抗成分があるため振動の減衰が避けられないが，ここで得られた負性微分抵抗でその（正の）寄生抵抗を打ち消すことで減衰を抑止できる．むしろ発振を促進する機能があり，発振器として利用可能である．言い換えれば負性微分抵抗特性には増幅機能が内在されているため，後述するトランジスタ増幅機能をこれで置き換えることが原理的には可能である．しかし，2 端子素子であるため入出力の分離が難しいなど回路構成上の制約が大きく，広く実用化されるには至っていない．2 章のモデルデバイスとして 3 端子素子を想定したのもこのような理由からである．

本章のまとめ

pn 接合は半導体を用いた電子デバイスの最も基本的な構成要素である．この章では3章で説明したバンド図を用いてその電気的特性を説明した．

❶ キャリヤがp型とn型で相互に拡散する結果，接合近傍にキャリヤがない空乏層ができる．空乏層にはアクセプタ陰イオンとドナー陽イオンが存在するため，内蔵電界が発生し，内蔵電位分だけずれたバンド図となる．フェルミ準位はp型とn型で一致する．

❷ p型に正，n型に負の電位を与えると，電流は電位差の指数関数で増加する．順方向に電圧を印加した，という．反対に，p型に負，n型に正の電位を与えると，空乏層が広がるだけで直流的な電流は僅かしか流れない．この方向を逆方向という．

❸ 少数キャリヤの注入と拡散，再結合を考慮した電流連続の式を解くことで，pn 接合の電流電圧特性を定量的に導出できる．

❹ 一定のバイアス状態の下で素子特性を線形化して表現した回路を小信号等価回路と呼ぶ．逆バイアス条件での pn 接合の小信号等価回路は空乏層容量で近似的に表現される．

❺ 大きな逆バイアス電圧を印加するとキャリヤが急激に発生し，pn 接合の降伏現象が起こる．また，添加不純物濃度を極端に高くすると，順方向バイアス状態で負性微分抵抗特性が見られる．このような pn 接合はトンネル（エサキ）ダイオードと呼ばれる．

●理解度の確認●

問 4.1　順方向にバイアスされている pn 接合がある．今の状態から電流を 10 倍に増加させるためには，電圧を何〔V〕だけ増加させればよいか．ただし，Boltzmann 定数は 1.38×10^{-23}〔J/K〕，素電荷は 1.6×10^{-19}〔C〕である．また，$\ln(10) = 2.3$ とせよ．

問 4.2　順方向にバイアス電圧を印加した pn 接合のバンド図を描き，p，n それぞれの領域の E_C，E_V とフェルミ準位 E_F を書き込め．また，電子，ホールそれぞれのキャリヤの挙動を定性的に示し，電流電圧特性を導く道筋を簡潔に示せ．

問 4.3　逆バイアスを印加した pn 接合が容量として振る舞う理由を述べよ．

5 MOSFET

本章では，現在最も広く用いられている電子デバイスであるMOSFET (metal-oxide-semiconductor field-effect transistor，電界効果型トランジスタ)[†]の構造と動作原理，及び電流電圧特性の説明及び高性能化の指針について説明する．以下の章で説明するCMOSインバータ，論理回路，メモリの基本となるので，十分に理解する必要がある．また，これまでに述べてきたキャリヤの挙動とpn接合の特性に基づき説明を進めるので，必要に応じて復習しながら読み進めて欲しい．

† モスエフイーティーまたはモスフェットと読む．

5.1 素子構造と動作原理

5.1.1 モデルデバイスの実現方法

2 個の pn 接合 A，B を背中合わせに組み合わせた**図 5.1** (a) に示すような npn 構造を考える．対応するバンド図を図 (b) に示す．$V>0$ のとき，接合 B は順方向にバイアスされるが，接合 A が逆方向にバイアスされているため電流は流れない．$V<0$ のときには，逆に接合 A は順方向にバイアスされるが，接合 B が逆方向にバイアスされているため，やはり電流は流れない．電流電圧特性を図 (c) に示す．

次に，図 (d) のように，絶縁膜を間に挟んで npn 構造を導体（金属）で囲んだ構造を考える．この導体に正の電位 V_1 を与えると，それが取り囲む p 領域の電位も上昇し電子のエネ

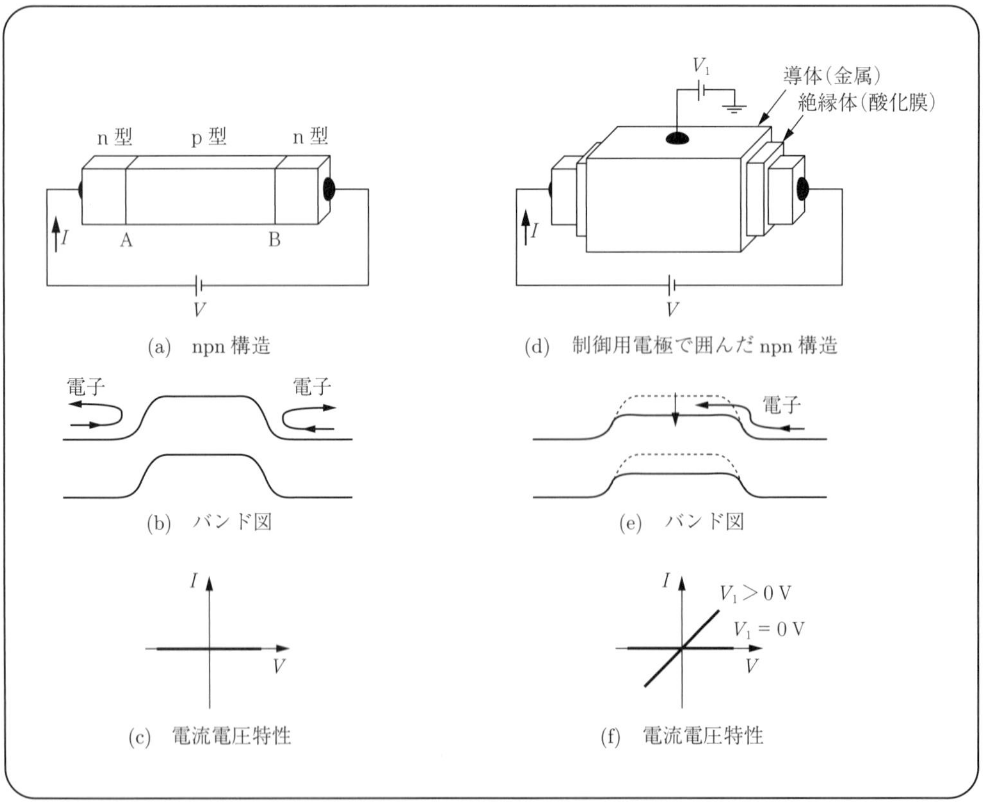

図 5.1 MOSFET の概念図

ルギーは低くなるため，バンド図は図 (e) に示すように変化し，伝導電子に対する障壁が低くなる．導体に与えた電位が十分大きければ，$V > 0$ のとき，接合 B の順方向バイアス状態は変わらないが，接合 A も順方向にバイアスされた状態になるため，電流が流れるようになるであろう．$V < 0$ でも同様に電流が流れるため，電流電圧特性は図 (f) に示すようになる．V_1 が負であったり，正でもその値が十分大きくないときにはバンド図は図 (e) の点線の状態に近く，電流は流れないと予想される．

このように，npn 構造を取り囲む導体に与える電位を変化させることで，npn 構造に流れる電流を制御できると考えられる．この導体を制御用電極ということにする．2 章で説明したモデルデバイスの具体的な構造の一つが明らかになったわけである．制御用電極に与えた電位により発生する電界がこの素子の動作を決定することから，このような形態のデバイスを**電界効果型トランジスタ**（field-effect transistor，**FET**）と呼ぶ．制御用電極である金属（metal）と絶縁体（insulator），半導体（semiconductor）の組合せが本質的であるので，これらの頭文字をとり **MISFET** とも呼ばれる．特にシリコンの場合には，絶縁膜として Si の酸化物（oxide）である SiO_2 を用いるので **MOSFET** という名称が一般的である．

談　話　室

トランジスタの語源　ベル研究所で**トランジスタ**（transistor）が発明されたとき，その名称についていろいろな提案があったといわれている．最終的にトランジスタに落ち着いた．トランジスタとはトランスファ・レジスタ（transfer resistor）を略したもので，あえて訳せば相互抵抗となる．普通，抵抗は 2 端子素子で，端子間に電流を流すとき，それらの端子間に抵抗値に比例する電圧が発生する．これに対して，トランジスタには三つの端子があり，一つを入出力で共通に利用する．発明当初の使い方では，入力端子に加えた電流変化による出力端子電圧の変化が観測され，それを利用した増幅回路が試作された．電流を変化させることで電圧が変化する点では普通の抵抗と同じであるが，電流を流す端子（入力側）と電圧が変化する端子（出力側）が異なることから，「相互抵抗」と名付けられた．

実は MOSFET では入力が電圧，出力が電流と考えるのが自然であり，逆の関係にある．ベル研究所で発明されたトランジスタは MOSFET ではなく次の章で説明するバイポーラ型であったためそのような呼び名になったという，歴史的な経緯がある．本書では，現在，最も一般的に使用されているトランジスタである MOSFET の説明から始める．

5.1.2 MOSFETの基本構造

図5.1に示したような3次元的構造を実際に製作することは容易でない．そこで，その一部を切り出したような**図5.2**(a)に示す構造が用いられる．各部分に名称が付いている．制御用の電極は**ゲート**（gate，門）と呼ばれGで表す．npn構造の両端はそれぞれ**ソース**（source，源）と**ドレイン**†（drain，排水口）と呼ばれS及びDで表す．ソースとドレインとの区別は物理的な形状ではなく，電流を流すための電圧の印加方向に依存する．図(a)の例では，電流は左から右に流れる．キャリヤの流れで考えれば，この場合のキャリヤはゲートにより誘起された伝導電子で，それは右から左に流れる．キャリヤがp領域に流れ込む源という意味で，右側のn領域の部分をソースと呼ぶ．これに対して，キャリヤをp領域から引き抜いて半導体の外に排出するという意味で，左側のn領域をドレインと呼ぶ．

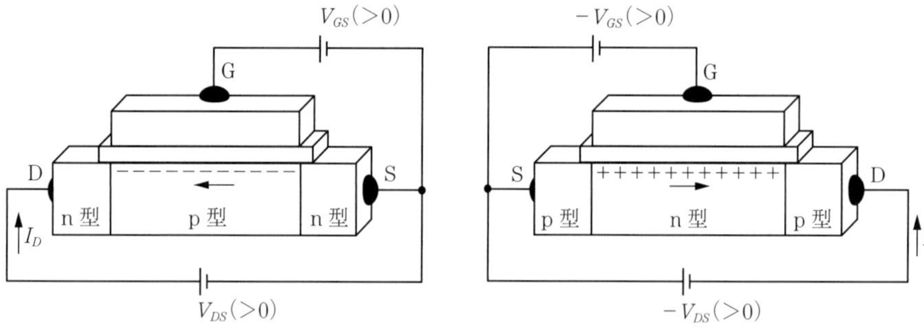

(a)　nチャネルMOSFET　　(b)　pチャネルMOSFET

図5.2　MOSFETへの電圧印加

ソースとドレインの間にあるp型領域の多数キャリヤはホールであるが，この場合，実際に電流を流すのはゲート電極によって誘起された伝導電子であり，それはp領域の中でもゲート電極との境界部分に存在する．この部分を**チャネル**と呼ぶ．チャネル部分での電流の担い手であるキャリヤが伝導電子であり，p型本来のホールとは反対のn型の伝導機構が支配的であることから**反転層**とも呼ばれる．図中のV_{GS}，V_{DS}はそれぞれソースを基準にしたゲート，及びドレインの電位を表す．下付添え字の順序に意味があることに注意する．

これまではnpn構造について説明してきたが，pnp構造を用いても同様の動作を実現できる．図(b)にその構造を示す．この場合はゲートに負の電位を与えてホールを誘起させ電流

† 学会の編纂した用語辞典などでは「ドレーン」となっているが，本書では「ドレイン」とする．

を流す．ソースとドレインは npn 型のときと同様，キャリヤの源と排出口にあたる部分をいう．キャリヤはホールであり，その流れの向きは電流と一致するため，電位が高い左側の p 領域をソース，電位が低い右側の p 領域をドレインと呼ぶ．V_{GS}，V_{DS} を前と同じように定義すると，これらは負の値となることに注意する．

npn 構造を基本としてキャリヤに電子を用いた MOSFET のことを，電子が負（negative）の電荷であることから n チャネル MOSFET と呼ぶ．同様に pnp 構造を基本としてキャリヤにホールを用いたものを，ホールの電荷が正（positive）であることから p チャネル MOSFET と呼ぶ．これらは単に nMOS，pMOS と略して呼ばれることも多い．

5.1.3 n チャネル MOSFET

図 5.3 (a) には現在の集積回路で一般に用いられている n チャネル MOSFET の構造を示す．npn 構造は図 5.2 で示したような棒状ではなく，板状の p 型シリコン基板の表面に，ソース及びドレインとして機能する二つの n 領域を形成し，その上部に図のように SiO_2 絶縁膜とゲート金属を配置する．土台となるシリコン板のことを基板，**ボディ**（body）あるいは**バルク**（bulk）と呼び，省略して B と書かれる．この基板にも電極を付け，基板の電位を一定

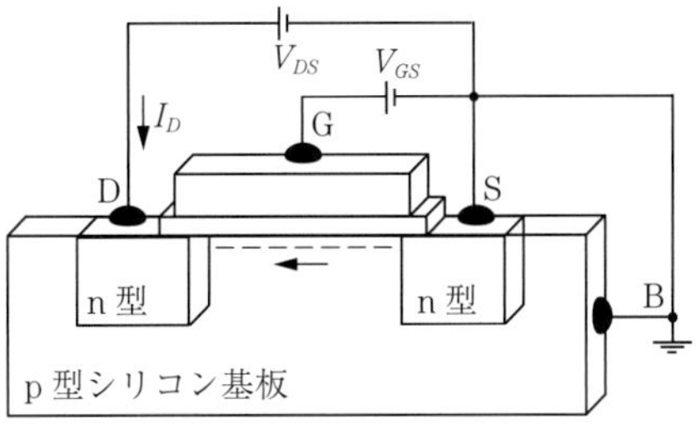

(a) 実際の素子構造

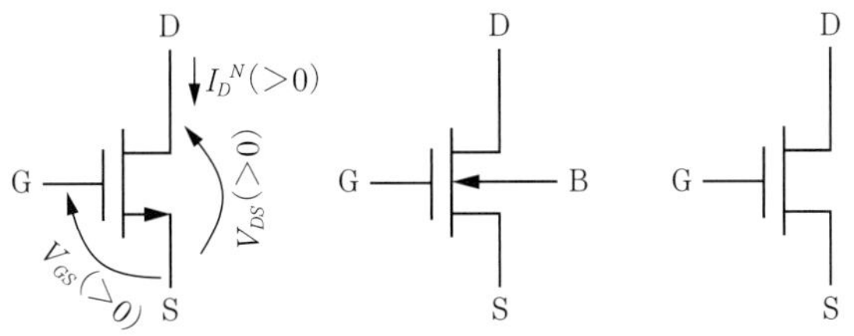

(b) (c) (d)

図 5.3 n チャネル MOSFET の素子構造と回路記号

に保つ．すなわち，実際の MOSFET は，これまで説明したソース，ドレイン，ゲート，及び，ボディの四つの端子を持つ 4 端子素子である．

基板電位について説明する．MOSFET の動作自体は図 5.2 で説明したようにソース，ドレイン，ゲートの電位で決まり，基板電位は直接影響しないように見える．しかし，図 5.3 で示したように通常は MOSFET が半導体基板上に埋め込まれた形で形成されていることから，基板電位を予め決められた値に保つことが重要である．また，基板電位がドレイン電流に僅かではあるが影響する†．通常，基板はソースと接続し，ソースと同じ電位にする．この理由を n チャネル MOSFET で説明する．nMOSFET ではゲートに印加した正電圧でチャネルとなる反転層を形成し，ドレイン電流を流すことは図 5.2 で説明した．FET に流れる電流をゲート電位で一意的に制御するためには，それ以外の部分で電流が流れるのを防ぐ必要がある．このためには，基板－ソース間，及び基板－ドレイン間の pn 接合に電流が流れないようにする必要がある．もし，何らかの原因で基板電位が正になるとすると，これらの pn 接合が順方向にバイアスされたことになり，基板からソースまたはドレインに電流が流れ込んでしまう．pn 接合が順バイアス状態にならないようにするには，n 領域であるソースとドレインの電位より p 型基板の電位が高くならないようにすればよい．nMOSFET では，ソースはドレインより電位が低いため，ソースと基板を同じ電位にすれば十分である．このため，普通は図 5.3 (a) に示すようにソースと基板を接続して用いる．また，この電位は装置の中で最も低い電位とする場合が多く，それを示すため，この図ではその端子を接地していることに注意する．

図 (b)～(d) には n チャネル MOSFET の回路記号を示す．図 (b) は広く用いられている表記法である．矢印が付いた端子がソースを意味し，矢印の向きは電流の流れる方向を示す．ソースはキャリヤがチャネルへ流れ込む源であったが，電流は逆にソースから外部に流れ出ることは，電流が電子によって運ばれることと等価であり，この記号は n チャネル MOSFET を意味していることがわかる．アナログ回路では基板電位が回路動作を解析する上で重要な場合が多く，その場合は図 (c) を用いて基板電位を明確に示す方法が好まれる．pn ダイオードでは矢印の向きが p から n に向いていたが，ここでも同様で，チャネルが矢印の先にあり n チャネルであることを表している．図 (d) はディジタル回路で使われることが多い．

---

† 基板電位によりしきい値電圧が変化する．これは**基板効果**として知られている．ディジタル回路ではほぼ無視できるが，アナログ回路では基板効果を考慮に入れた設計が必要になる場合も多い．最新のディジタル回路の中には基板効果を利用してリーク電流を抑止し，消費電力削減を狙ったものもある．

5.1.4 pチャネルMOSFET

n基板を用いて作製したpチャネルMOSFETの構造を図**5.4**(a)に示す．nMOSFETと同様に，通常はソースと基板を接続し，ソースと同じ電位にすることが多い．pMOSFETではゲートに印加した負電位でチャネルとなる反転層を形成し，ドレイン電流を流すことは図5.2で説明した．もし，何らかの原因で基板電位が負になり，それが十分に大きいとすると，nMOSFETと同様に，基板ソースと基板ドレインのpn接合が順方向にバイアスされたことになり，ソースまたはドレインから基板に電流が流れ込む．これを防ぐためには，p領域であるソースとドレインの電位よりn型基板の電位が低くならないようにすればよい．pMOSFETでは，ソースはドレインより電位が高いため，ソースと基板を同じ電位にすれば十分である．このため，普通は図5.2(a)に示すようにソースと基板を接続して用いる．また，この電位は装置の中で最も高い電位とする場合が多く，それを示すため，この図ではその端子を電源電圧であるV_{DD}にしていることに注意する．

図5.4(b)〜(d)にはpチャネルMOSFETの回路記号を示す．矢印の意味は図5.3のnMOSFETと同じであるので，読者に考えて欲しい．図(d)はディジタル回路で使われることが多い．ディジタル回路では低い電位を与えたときデバイスが活性化する場合，その端子

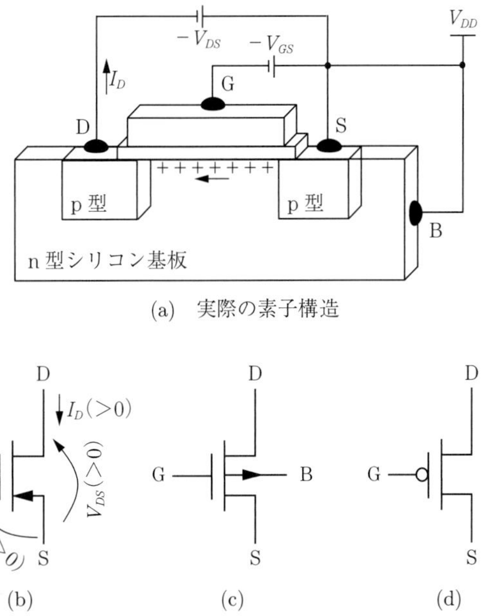

図5.4 pチャネルMOSFETの素子構造と回路記号

に小さな丸を付ける約束がある．今の場合にはゲートが低い電位になったとき FET に電流が流れることを意味している．これは pMOSFET 特有の性質であった．

5.2 MOS 構造と MS 構造

MOSFET の電流電圧特性を考察するために金属酸化物半導体（MOS）構造の性質をバンド図の観点から説明する．また，これと関連して，金属と半導体の間に酸化物がない半導体金属接合構造（MS 構造）についても述べる．半導体を外部の金属配線と接続して，電気信号を出し入れしたり，動作に必要な電力を外部から供給する必要があるが，そのときに利用する構造が MS 構造である．また，ショットキー接合として高周波回路で使用されることもある．

5.2.1 MOS 構造のバンド図

図 5.5 (a) に p 型シリコン上に形成した **MOS 構造**を示す．n チャネル MOSFET を構成するときに用いられる MOS 構造である．酸化物としては SiO_2，金属としてはアルミニウム（Al）を想定している．これらの間のバンド図を図 (b) に示す．既に図 3.10 で示したように金属には禁制帯がなく，電子は許容帯の下から順に詰まっている．3.4.1 項で説明した金属のフェルミ準位を $E_F{}^M$ で表す．ゲートと半導体の間にあるゲート絶縁膜は半導体と同様に禁制帯があるが，図 3.10 で示したように，その幅は半導体と比較して大きい．SiO_2 ではおよそ 9 eV である．シリコンの禁制帯幅は既に 3.2.3 節で述べたように 1.1 eV である．$E_F{}^S$ は金属/酸化物から十分離れたシリコンでのフェルミ準位を表す．言い換えれば，MOS 構造を作製する前のシリコンだけを考えた場合のフェルミ準位である．ここでは p 型シリコンを想定しているため，この図に示すように価電子帯の上端 E_V に近い位置にある．

これらを組み合わせた MOS 構造のバンド図を描く場合にそれぞれの物質の中の電子のエネルギー値を相互に比較する必要がある．つまり，エネルギーの基準となる値が必要になる．物体の中にある電子が物体の外側，すなわち，空気中に出ないのは，物体の内側の電子のエネルギーが空気中のそれより低いからである．厳密には「空気中」を「真空中」と言い換える必要がある．真空（空気）中にある電子をある物質内に入れたときに，その差のエネルギーが放出されることになる．そのエネルギー値を**電子親和力**と呼ぶ．これを考慮することで，そ

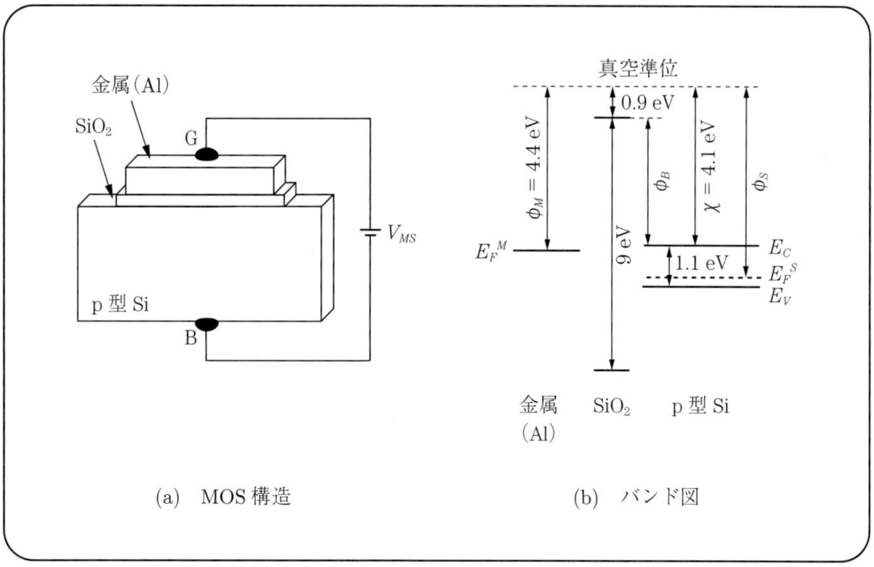

図 5.5 MOS 構造とバンド図

れぞれの物質の電子のエネルギーを相互に比較することができる．すなわち，真空の電子のエネルギーを基準として，金属，酸化物，シリコンの電子エネルギーを並べる．図 (b) はそのようにして描いたものである．

金属，ここでは Al，に外から電子を入れると，その電子は金属内の電子が持つ最も大きなエネルギー，つまりフェルミ準位のエネルギー状態の次に高いエネルギー状態に収まる．エネルギー状態の間隔は極めて狭いので，その値はフェルミ準位のエネルギーに等しいと考えてよい．Al のフェルミ準位 $E_F{}^M$ は真空のエネルギー準位より 4.4 eV 低い位置にあることが知られているので，その値を用いることで Al のフェルミ準位を図 (b) のように描くことができる．金属では**真空準位**とフェルミ準位の差を**仕事関数** ϕ_M と呼ぶ．仕事関数は物体中から電子を引き抜くのに必要なエネルギーの値として定義される．Al の場合，$\phi_M = 4.4$ eV である．

Si では価電子帯まで電子が充満しているので，外から電子を加えるとその電子は価電子帯には入れず，伝導電子帯の下端の状態を占める．Si の場合それは真空準位から 4.1 eV 低いところにあることが知られている．すなわち，Si の電子親和力 χ は 4.1 eV である．このことと，Si のバンドギャップが 1.1 eV であることを使うと，伝導電子帯の下端 E_C と価電子帯の上端 E_V を図 (b) のように配置できる．同様にして，SiO_2 の電子親和力が 0.9 eV，バンドギャップが 9 eV であることから，SiO_2 のバンドも図 (b) のように描ける．

この図より，Al から SiO_2 を見たとき，電子親和力の差 $4.4\,\text{eV} - 0.9\,\text{eV} = 3.5\,\text{eV}$ の高さの**ポテンシャル障壁**があることがわかる．一方，Si から SiO_2 を見たときには，電子親和力の差 4.1 eV − 0.9 eV = 3.2 eV の高さのポテンシャル障壁があることがわかる．このように，ポテンシャル障壁は隣接する材料の組合せで決まっていることは注意すべきである．以下で説明するように，MOS 構造に電位差を与えた場合でも，これらの**障壁高さ**は変化しないことがバンド図を考える上でのポイントである．

5.2.2 MOS 構造の空乏層

さて，MOSFET として動作させるためには，半導体基板（B）と金属ゲート（G）の間に電位差を与え，半導体と酸化物界面にキャリヤの層を形成する必要がある．このためには金属と半導体の電位を決めるための電極を付けて，それを電源に接続する必要がある．半導体基板（B）を基準とした金属ゲート（G）の電位を V_{MS} で表すことにする．

まず $V_{MS} = 0$ の場合を考える．半導体は p 型であり，半導体の電子の大部分は価電子帯にあることを思い出して欲しい．すると，図 5.5 (b) からわかるように，この状態では，金属内でフェルミ準位近傍の電子のエネルギーが半導体中の電子のエネルギーより高い．そのため，金属と半導体を導線で接続することにより電子が金属から半導体に移動する．その結果，金属は正に，半導体は負に帯電し，金属中の電子のエネルギーは低下し，反対に半導体中の電子のエネルギーは上昇する．pn 接合のときと同様にこれは半導体と金属のフェルミ準位が一致するまで続く．

半導体が負に帯電したことから，金属中の自由電子はクーロン斥力により半導体から離れて存在しようとする．一方で，p 型半導体中のキャリヤであるホールは，正に帯電した金属からのクーロン斥力で，金属から離れた場所に存在しようとする．一方で，金属，半導体中に存在する金属原子陽イオンとアクセプタ陰イオンは動くことができない．その結果，**図 5.6** (a) に示すように絶縁体を挟んで，金属側には陽イオンが取り残された部分，及び，半導体側には陰イオンが取り残された部分ができる．言い換えれば，これらの電荷が互いにクーロン引力で引き合い，平行平板容量のような形で，絶縁体の両側に存在するとも考えられる．半導体側にできた陰イオンが取り残された部分は，pn 接合で説明した**空乏層**に他ならず，その厚さはアクセプタ添加濃度に関係する．濃度が高いほどわずかな厚さの空乏層で充分な電荷量を供給できるため空乏層は薄くなる．金属側でも同様な空乏層が発生するが，金属陽イオンの濃度は金属を構成する原子濃度であり，これは半導体の不純物濃度と比較して格段に高いため，空乏層の厚さも極めて薄く，その厚さが問題になることは，ほぼないといってよい．そのため，金属絶縁体界面には正電荷が存在するが，あえて空乏層とは呼ばないのが普通である．

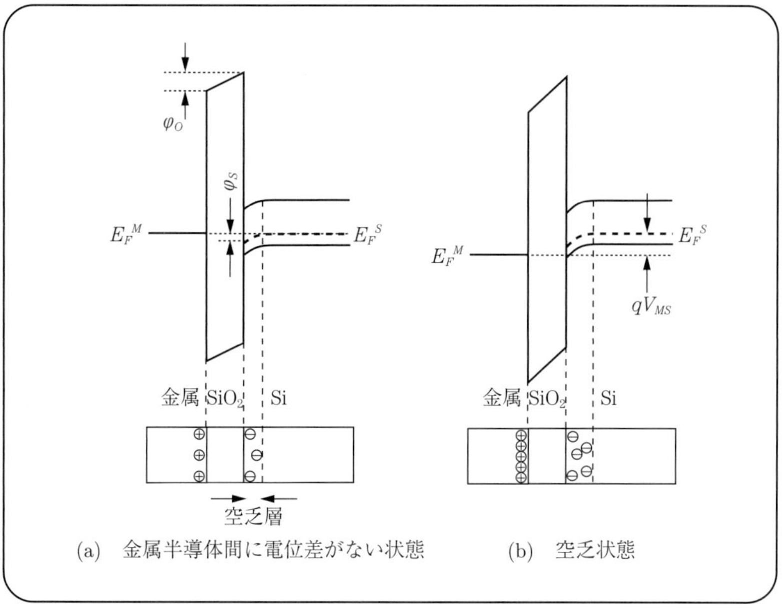

図 5.6 MOS 構造のバンド図

このような電荷のためバンド図は図 (a) に示したように下に曲がることになる．一般に，半導体部分でのこの曲がり量を φ_S で表すことにする．これは**表面ポテンシャル**と呼ばれる．今の場合は，図 5.5 (b) との比較から

$$\varphi_S = \phi_S - \phi_M - \varphi_0 \equiv \phi_{SM} - \varphi_0 \tag{5.1}$$

が成り立つことがわかる．ここで ϕ_S は半導体の仕事関数で，真空準位とフェルミ準位の差として定義される．金属と異なり，半導体の仕事関数は添加する不純物濃度で変化することに注意する[†1]．また SiO_2 内でのポテンシャル変化分を φ_0 とした．

SiO_2 の伝導電子帯下端と価電子帯上端が傾斜しているのは SiO_2 内部に電界が存在することに起因する．ポテンシャルエネルギーを微分したものが電界であることを思い出せば，これは理解できる．また，ポアソン方程式によれば，ポテンシャルエネルギーの二階微分が電荷密度に等しかった．このことは，電荷がなければポテンシャルエネルギーの傾きは変わらないこと（曲がらないこと）を意味している．ゲート酸化膜内には電荷が存在しないと仮定した．Si と SiO_2 の界面にも電荷が存在しないとすれば[†2]，この図で示したようにその境界

---

†1 図 5.6 (b) で ${E_F}^S$ をシリコンの価電子帯や伝導電子帯と合わせて下方に曲げて描いたことに注意する．これは，酸化物/シリコン界面から十分に離れた，シリコン内部でのフェルミ準位を ${E_F}^S$ としたことに起因する．すなわち，${E_F}^S$ と E_V の相対的な位置関係は変わらないため，E_V に合わせて ${E_F}^S$ も曲げて描いた．これに対して，本文で説明したように，電子の存在確率が 1/2 となる，という意味でのフェルミ準位は MOS 構造のどの部分でも同じ値であり，酸化物/シリコン界面における ${E_F}^S$ との差を φ_S と書いている．

†2 最近の MOSFET ではこの想定は妥当である．

で傾きは変化しないことにも注意する．p 型半導体内部に存在するアクセプタ陰イオンは固定電荷であり，ポアソン方程式 (4.7) によればポテンシャルは下に凸になる．図 5.6 では電子のエネルギーを示しているので符号が反対にないこの部分は上に凸になる．境界から十分離れた半導体内部ではホールとアクセプタ陰イオンが同じ数だけあり電気的には中性になっている．また，電界も存在しないので，この図に示すようにポテンシャルエネルギーは平らになる．

5.2.3 空乏/反転/蓄積状態

次に，実際に，nMOSFET を動作させるのに必要な正の電位差 V_{MS} を印加する場合を考えよう．この場合のバンド図を図 5.6 (b) に示す．バンド図の縦軸は電子のエネルギーを表していて，正電位を与えることは電子のエネルギーが低くなることを思い出せば，半導体に対してゲート（金属）部分が下がり，この図のようにバンド図が曲がる．半導体のフェルミ準位 ${E_F}^S$ と金属のフェルミ準位 ${E_F}^M$ の差が qV_{MS} に等しいことに注意する．バンド曲がり（表面ポテンシャル）は

$$\varphi_S = \phi_{SM} + qV_{MS} - \varphi_0 \tag{5.2}$$

と表すことができる．このような状態の MOS 構造のことを，半導体内部に空乏層が広がっていることから**空乏状態**にあるという．

ゲートに正の電圧を印加しても，図 (b) の状態では半導体表面にキャリヤがなく，MOSFET を考えたときには，ソース－ドレイン間に電流が流れないことに注意する．MOSFET を電流が流れる状態（ON 状態）にするには，更に大きな正電圧をゲートに印加しなければならない．そのような状態を**図 5.7** (a) に示す．このバンド図と図 5.6 (b) との違いは，バンド曲がり量が大きくなり，半導体表面での伝導電子帯下端 E_C が半導体内部のフェルミ準位 ${E_F}^S$ に近づいていることである．${E_F}^S$ が電子の存在確率が 1/2 であったことを思い出すと，半導体表面の伝導電子帯下端には，かなりの量の電子が存在することになる．フェルミ準位が E_C に近づいた結果，伝導電子が増加し，それがキャリヤとなり電流を流すことができる．すなわち，今考えている半導体は p 型であるが，ゲートに正電圧を印加した結果，半導体表面ではフェルミ準位が伝導電子帯下端に近づき，この部分が n 型として機能するようになった，といえる．空乏層内のアクセプタ陰イオンと異なり，電子は動くことができるから，MOSFET で考えれば，これはソース－ドレイン間をつなぐ伝導電子が発生し，導通状態になった，といえる．ただし本体の p 型半導体におけるようなホールによる電流ではなく，伝導電子による電流であり，極性が反対であることから，このような半導体表面の導電層のことを**反転層**

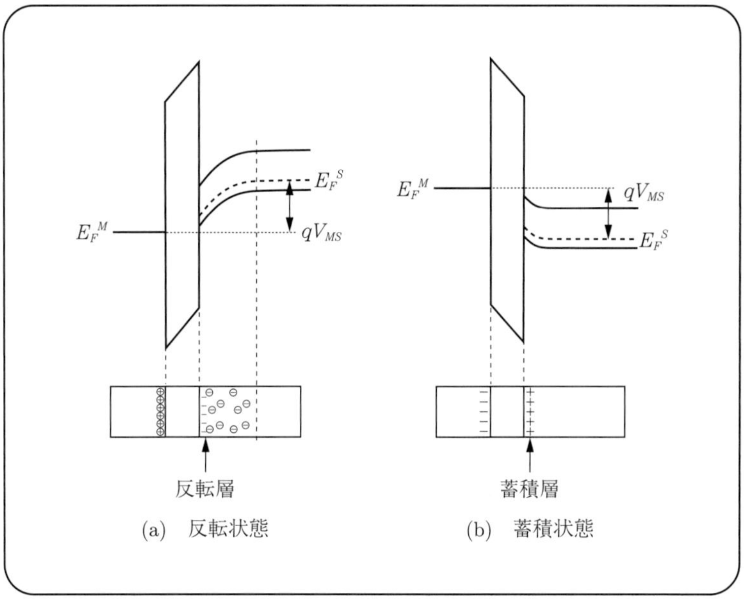

図 5.7 反転状態と蓄積状態における MOS 構造のバンド図

と呼び，図 5.7 (a) に相当するバンド図のようになった状態のことを**反転状態**と呼ぶ．反転層は電流を流す通路（チャネル）として作用することから，チャネルとも呼ばれる．一度反転層ができると，ゲートの正電圧をそれ以上増加させても，反転層の電子数が増加するだけで，それにより電界が遮蔽されるので，空乏層の厚さが増加することはない．これまでの説明で明らかになったように，チャネルが形成され nMOSFET が ON 状態になるためには，ゲートにある一定の正の電圧を印加する必要がある．この電圧を**しきい値電圧**と呼び V_T で表わすことにする．

MOS 構造のバンド図の説明の最後に**蓄積状態**について説明する．p 型本来のキャリヤであるホールが表面に蓄積される状態のことで，ゲートに負電圧を印加することで実現できる．そのときのバンド図を図 (b) に示す．

5.2.4 MS 構造の電流電圧特性

これまでに説明してきたことを MS 構造に応用してみよう．電子デバイスを構成する上で，トランジスタ同士やトランジスタと外部の配線とを接続したりする必要がある．配線には導体である金属が利用されるから，半導体と金属を接続した **MS 構造**の電流電圧特性が重要な役割を持つ．MOS 構造と異なり，絶縁体である酸化膜が金属と半導体の間にないので，簡単に電流が流れるように思えるが，実際の MS 構造は一方向だけに電流が流れる整流作用や，直線的なオームの法則に従う特性を示す場合もあるなど，興味深い特性を示す．それらの機構についてバンド図を使って説明する．

〔**1**〕 **バンド図と整流特性**　　図 **5.8** (a) に真空準位を基準にしたときの，金属のフェルミ準位と半導体のバンド図を示す．半導体は n 型を想定しており，フェルミ準位 ${E_F}^S$ が伝導電子帯下端 E_C に近い位置にあることに注意する．これらを接触させ MS 構造を形成すると，MOS 構造の場合と同様に電子の行き来が両者の間で可能になり，フェルミ準位が一致するまで，それぞれのバンド図が上下する．その結果，バンド図は図 (b) に示すようになり，半導体には空乏層が発生する．また，半導体と金属の間には

$$\varphi_B = \phi_m - \chi \tag{5.3}$$

で表せるポテンシャル障壁ができる．

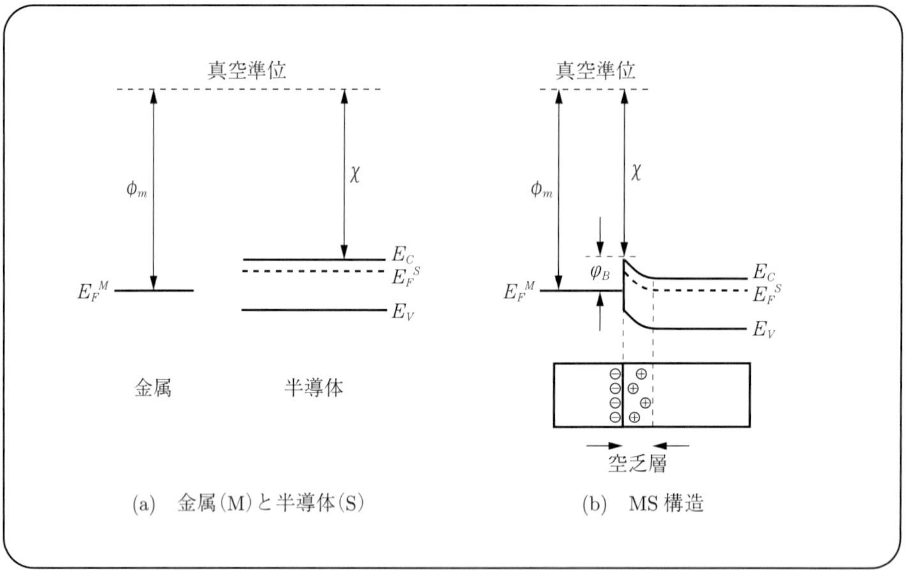

図 **5.8**　バンド図

MS 構造に電圧 V_{MS} を印加したときのバンド図を図 **5.9** に示す．図 (a) は，半導体を基準として金属に負の電位を与えた場合で，電流は半導体から金属に流れようとする．電子はその逆に金属から半導体に流入しようとするが，**ポテンシャル障壁** φ_B がその流れを阻止するように作用する．その結果，電流は流れない．一方，半導体に対して金属に正の電位を与えるとバンド図は図 (b) のようになり，半導体から金属に流れ出ようとする電子の流れを遮るものは何もない．その結果，電流電圧特性は図 (c) に示すようになり，pn 接合に似た整流特性を持つ．pn 接合と同様に，電流が流れやすい電圧印加状態を**順バイアス**状態，流れにくい状態を**逆バイアス**状態と呼ぶ．このような整流特性を持つ MS 構造のことを**ショットキー接**

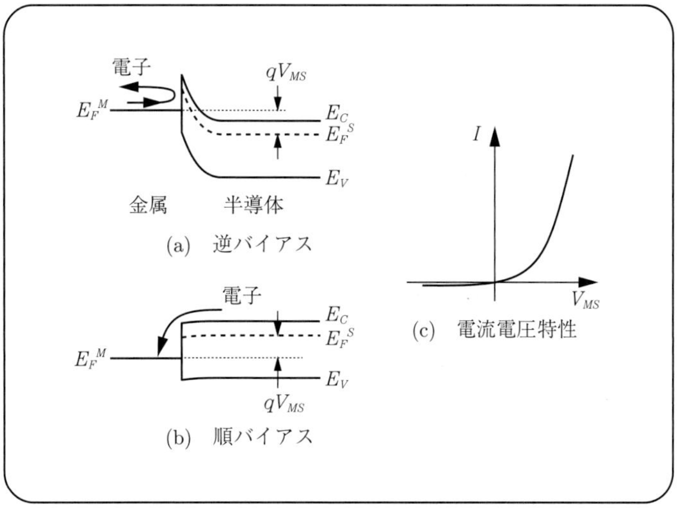

図 5.9 ショットキー接合

合と呼ぶ.

〔**2**〕 **オーム性コンタクト** 図 5.9 (c) に示した整流作用は，高周波の検波や非線形性を利用した高調波発生などに用いられるが，MOSFET などの電子デバイスで，半導体と金属を接続することを考えると大きな問題があることがわかる．例えば，図 5.2 (a) に示された n チャネル MOSFET では，配線と n 型半導体（S 及び D）との接続部分が MS 構造であるが，ソースでは金属から半導体に向かって，ドレインでは半導体から金属に向かって，それぞれ電流が流れる．ソース及びドレインは n 型であるから，今説明した整流特性をこの部分が持つとすると，ドレインは順バイアスであり問題はないが，ソースの部分が逆バイアス状態になり電流が流れない．図 5.2 (b) の p チャネル MOSFET でも同様の状況であり，整流作用は MOSFET 動作には好ましくないことがわかる．このような MS 構造では，整流特性ではなく，両方向に同じように電流が流れやすい特性を実現する必要がある．すなわち，**図 5.10** (b) のような電流電圧特性が必要となる．このような特性を持つ MS 接合のことを，**オーム性コンタクト**と呼ぶ．オームの法則に従った直線的な電流電圧特性だからである．

このようなオーム性コンタクトを実現するにはどうしたらよいだろうか．一般に用いられている方法は，半導体に添加する不純物濃度，ここでは n 型であるからドナー濃度をできる限り高くすることである．これを理解するには，半導体中に広がる空乏層の厚さが式 (4.11) で示したように，ドーピング濃度が高くなると薄くなることに気づく必要がある．このようにして構成された MS 接合のバンド図を図 (a) に示す．ポテンシャル障壁は相変わらず存在しているが，空乏層が極端に薄くなった結果，金属側から半導体側へ電子がトンネル現象により通過できるようになることを示している†．そこで，逆バイアス状態でもトンネル現象で

† トンネル現象に関しては 4.4.1 節を参照のこと．

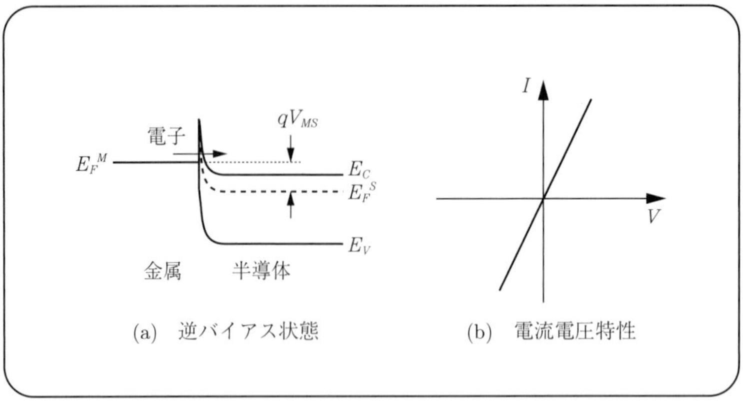

図 **5.10**　オーム性コンタクト

電子が金属から半導体側に透過することができ，電流が流れる結果，図 5.9 (c) のような整流作用ではなく図 5.10 (b) のようなオーム性特性が得られることになる．

5.3 電流電圧特性

図 5.11 に示す n チャネル MOSFET の電流電圧特性を定量的に導出する．すなわち，ドレイン電流 I_D を電圧 V_{DS} 及び V_{GS} の関数として表すことにする．ゲート電圧 V_{GS} はしきい値電圧 V_T より大きく，ソース－ドレイン間に電流が流れるためのチャネル（反転層）が形成されているものとする．

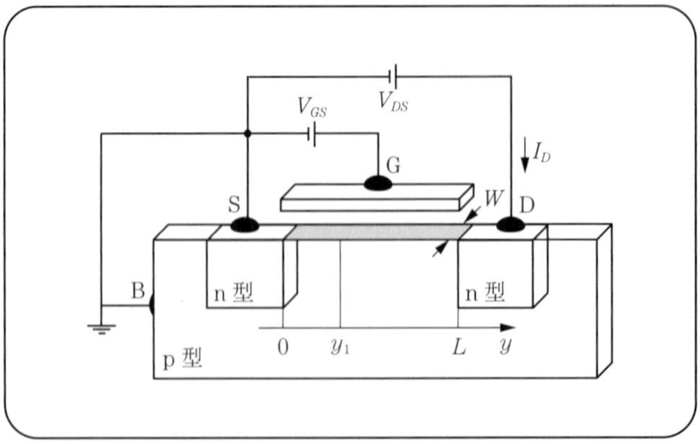

図 **5.11**　**n** チャネル **MOSFET** の構造図

5.3.1 線形領域

チャネルに存在する電子は半導体表面近傍に 3 次元的に分布する．しかし，近似的には，図 5.7 (a) に示したように，半導体と酸化膜の境界のポテンシャルのくぼみに集中して存在していると考えてよい．このため，電流を担うすべての電子が半導体表面に 2 次元的に存在すると考える．この部分は図 5.11 で灰色で示した半導体表面部分に相当する．この部分を拡大して**図 5.12** に示す．解析のため図のように y 軸を考える．図に示すとおり，チャネル部分は長さ L，幅 W の長方形であるとする．L を**チャネル長**，W を**チャネル幅**と呼ぶ．

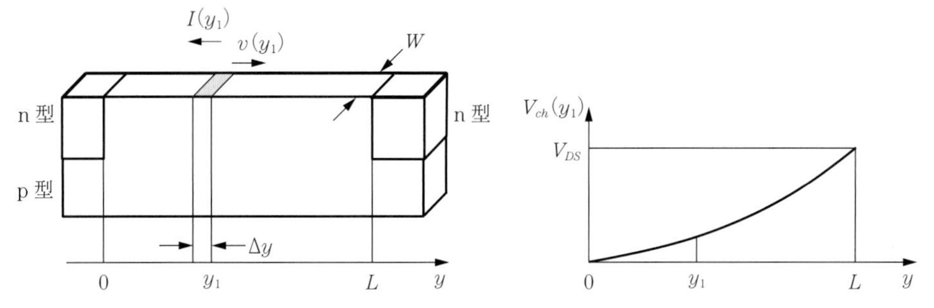

(a) チャネル部分の拡大図　　(b) チャネル電位の変化

図 5.12 n チャネル MOSFET の構造図（拡大）

チャネルに存在する電子によりドレイン電流が流れること，及び，電流は単位時間内に流れる電子の数で表せること，に着目し，$y = y_1$ における電子の流れを考える．時間 Δt にこの部分を通過する電子の数を $\Delta N(y_1)$ 個，この部分を流れる電流 $I(y_1)$ とすると，Δt の間に $y = y_1$ を通過する電荷量 $\Delta Q(< 0)$ は

$$\Delta Q = -q\Delta N(y_1) = I(y_1)\Delta t \tag{5.4}$$

と書ける．電流の向きが y 軸負方向であり，$I(y_1) < 0$ であることに注意する．時間 Δt で電子が移動できる距離を Δy とすると，$y_1 - \Delta y$ と y_1 で挟まれたチャネルの微小部分に存在する電子が，Δt の間に $y = y_1$ を通過できることになる．今，y_1 における単位面積あたりの伝導電子の個数，すなわち面電荷密度，を $n(y_1)$ とすると，$y_1 - \Delta y$ と y_1 で挟まれたチャネルの微小部分に存在する電子の個数は $n(y_1)W\Delta y$ と表せるから

$$q\Delta N(y_1) = qn(y_1)W\Delta y \tag{5.5}$$

が成り立つ．

次に，$n(y_1)$ について考えてみよう．MOSFET では，ゲートとチャネルが平行平板コンデンサを形成するように配置されていることから，チャネル中の電荷量は，ゲートとチャネル間の電位差とゲート絶縁膜の容量の積で求められるはずである．$y = y_1$ におけるチャネルの電位を $V_{ch}(y_1)$ とすると，$y = y_1$ におけるゲートとチャネル間の電位差は $V_{GS} - V_{ch}(y_1)$ で与えられるが，この中の一部は，図 5.7 (a) で示したようにゲート直下の空乏層生成のために使われており，残りがチャネル内の電子生成に用いられる．空乏層生成に必要な電位差がしきい値電圧 V_T であり，電子生成に使うことができる電位差は $V_{GS} - V_{ch}(y_1) - V_T$ と表すことができる．言い換えれば，ゲート電圧を印加しても，$V_{GS} < V_T$ では電流を流すためのチャネル（反転層）は発生しない．V_T は回路を構成する上で非常に重要な素子パラメタである．また，ここではチャネルのすべての領域で $V_{GS} - V_{ch}(y_1) - V_T > 0$ を仮定する．図 5.12 に示したように $V_{ch}(y_1)$ は $y_1 = L$ で最大値 V_{DS} となるから

$$V_{GS} - V_T > V_{DS} \tag{5.6}$$

であればよい．

一方，ゲート絶縁膜の単位面積あたりの容量を C_{ox} とすると，今考えている部分の容量は $C_{ox}W\Delta y$ と書ける．ここに

$$C_{ox} = \frac{\varepsilon_{ox}}{t_{ox}} \tag{5.7}$$

で，ε_{ox} と t_{ox} は，ゲート絶縁膜（SiO_2）の誘電率と厚さである．したがって，求める電荷量は

$$qn(y_1)\Delta yW = C_{ox}\Delta yW\left(V_{GS} - V_{ch}(y_1) - V_T\right) \tag{5.8}$$

と表せることがわかる．$y = y_1$ での電子の平均速度を $v(y_1)$ とすれば

$$v(y_1) = \frac{\Delta y}{\Delta t} \tag{5.9}$$

が成り立つから

$$I(y_1) = -q\frac{\Delta N(y_1)}{\Delta t} = -q\frac{n(y_1)W\Delta y}{\Delta t} = -qn(y_1)Wv(y_1) \tag{5.10}$$

が得られる．ここで

$$v(y_1) = -\mu E_y(y_1) = \mu\frac{dV_{ch}(y_1)}{dy} \tag{5.11}$$

を思い出せば

$$I(y_1) = -qn(y_1)W\mu\frac{dV_{ch}(y_1)}{dy} \tag{5.12}$$

と書き直すことができる．ここで $E_y(y_1)$ は電界の y 成分，μ は電子の移動度である．式 (5.8) を代入すると

$$I(y_1) = -\mu C_{ox}\left(V_{GS} - V_{ch}(y_1) - V_T\right) W \frac{dV_{ch}}{dy} \tag{5.13}$$

上式の両辺に dy を掛けて積分することで

$$\int_0^L I(y)dy = -\int_0^{V_{DS}} \mu C_{ox} W \left(V_{GS} - V_{ch} - V_T\right) dV_{ch} \tag{5.14}$$

が得られる．ここで y_1 と $V_{ch}(y_1)$ を積分変数 y と V_{ch} に代えた．また，V_{ch} の積分範囲としては，$y=0$ と $y=L$ におけるチャネルの電位である 0 と V_{DS} に置き換えた．

チャネル中を移動する電子が途中で消滅したり，新たに発生することがないので，電流 $I(y_1)$ は y_1 に対して一定で，ドレイン電流 I_D とは向きが逆で大きさは等しい．これを利用して積分を実行すると

$$I_D = \mu C_{ox} \frac{W}{L}\left((V_{GS} - V_T)V_{DS} - \frac{1}{2}{V_{DS}}^2\right) \tag{5.15}$$

が得られる．電流の向きを考慮したため，負号がなくなっていることに注意する．

この式について考察する．ドレイン－ソース間の電位差が小さく，$V_{DS} \ll V_{GS} - V_T$ であるときには，第 2 項が無視できて

$$I_D \cong \mu C_{ox} \frac{W}{L}(V_{GS} - V_T)V_{DS} \tag{5.16}$$

と書ける．すなわち，ドレイン－ソース間を流れる電流がドレイン－ソース間の電位差に比例することになり，オームの法則に従う電流が流れることがわかる．言い換えれば，MOSFET は

$$\frac{V_{DS}}{I_D} \cong \left(\mu C_{ox} \frac{W}{L}(V_{GS} - V_T)\right)^{-1} \tag{5.17}$$

の抵抗値を持つ抵抗として機能する．このように線形特性を持つことから，式 (5.6) を満足する MOSFET の動作領域を**線形領域**と呼ぶ．

5.3.2 飽 和 領 域

式 (5.15) によれば，ドレイン電流 I_D はドレイン－ソース間電圧 V_{DS} の 2 次関数であり，V_{DS} が増加するとともに I_D は増加するが，次第に増加の割合が鈍り，頂点 $V_{DS} = V_{GS} - V_T$ で傾きは 0 になる．これより V_{DS} が大きいとき，すなわち

$$V_{GS} - V_T < V_{DS} \tag{5.18}$$

のとき何が起きているであろうか．**図 5.13** を用いて説明する．図 (a) はチャネル電位 V_{ch}，図 (b) はチャネル電荷量 $|Q_{ch}|$ の y に対する変化を示す．チャネル中の電荷は電子なので，電

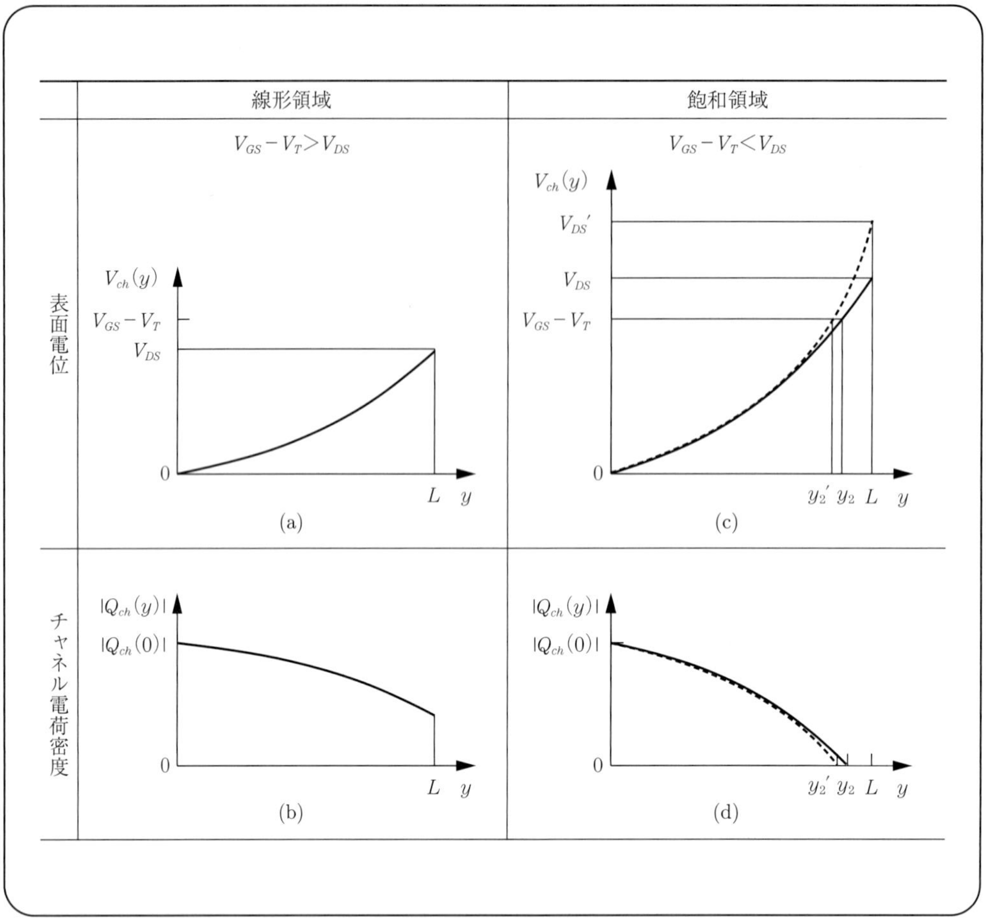

図 5.13　線形領域及び飽和領域における表面電位とチャネル電荷密度

荷量の絶対値を用いることにする．V_{ch} は図 5.12 に示したものと同じである．式 (5.8) によれば，y が増加し，$V_{ch}(y)$ が増加するにつれて，$|Q_{ch}|$ は減少する．更に，式 (5.8) によれば，V_{DS} が増加し，$V_{DS}=V_{GS}-V_T$ になったとき，チャネルのドレイン端 $y=L$ で $|Q_{ch}|=0$ となる．

図 (c)，図 (d) には更に V_{DS} が増加し，$V_{DS}>V_{GS}-V_T$ になったときの様子を示す．図 (c) に示すとおり，$y=y_2$ で $V_{ch}(y_2)=V_{GS}-V_T$ となると仮定する．式 (5.8) によれば，$y=y_2$ でチャネル電荷量 $|Q_{ch}|$ は 0 となる．この点を**ピンチオフ**点と呼び，ここでチャネルは消滅することになる．これは，ドレインに印加した電圧によりチャネル電位が下がり，ゲート－チャネル間の電位差が，反転層形成に必要なしきい値電圧より小さくなってしまうためである．$y_2<y<L$ の領域ではチャネル（反転層）は形成されない．このときドレイン電流が流れなくなるかといえば，そうではない．図 (c) で示すとおり，ピンチオフ点（$y=y_2$）

とドレイン端（$y = L$）との間には電位差があり，電界が存在するため，この電界で電子がドレインに引き寄せられるためドレイン電流が流れる．

更にドレイン電圧が $V_{DS}{}'$ に増加したとする．このとき，増加分はピンチオフ点とドレイン端の部分に現れ，チャネル領域の電位，電荷量の変化は少ない．これは，ゲート電圧がこの領域の電位を支配しているからである．言い換えれば，ドレイン電流は V_{DS} に依存しなくなり，専らゲート－ソース間電圧 V_{GS} で決まる，といえる．すなわち，ピンチオフが発生する $V_{DS} = V_{GS} - V_T$ より V_{DS} が大きい場合には，そのときのドレイン電流がそのときの V_{GS} で決定されると考えることができる．すなわち式 (5.15) で $V_{DS} = V_{GS} - V_T$ を代入することで

$$I_D = \frac{1}{2}\mu C_{ox}\frac{W}{L}(V_{GS} - V_T)^2 \tag{5.19}$$

を得る．電流の増加が V_{DS} の増加に対して飽和しているため，この領域，すなわち式 (5.18) を満足する領域のことを**飽和領域**と呼び，5.3.1 節で説明した線形領域と区別する．

以上の説明をまとめると，n チャネル MOSFET の電流電圧特性は**図 5.14** のように描くことができる．図 (b) で点線は線形領域と飽和領域の境界を示す．境界では $V_{DS} = V_{GS} - V_T$ が成立するから，これを式 (5.19) に代入すれば

$$I_D = \frac{1}{2}\mu C_{ox}\frac{W}{L}{V_{DS}}^2 \tag{5.20}$$

を得る．すなわち境界は放物線であることがわかる．点線より左が線形領域，右が飽和領域である．MOSFET で回路を構成する場合には，それぞれの領域で電流電圧特性を記述する方程式が異なるため，どちらの領域で MOSFET で回路が動作しているか，見極める必要がある．図 (b) はドレイン電流と電圧の特性を表しており，図 (a) のような回路では出力側に相当するため，しばしば**出力特性**と呼ばれる．また，このような回路のことを**共通ソース配**

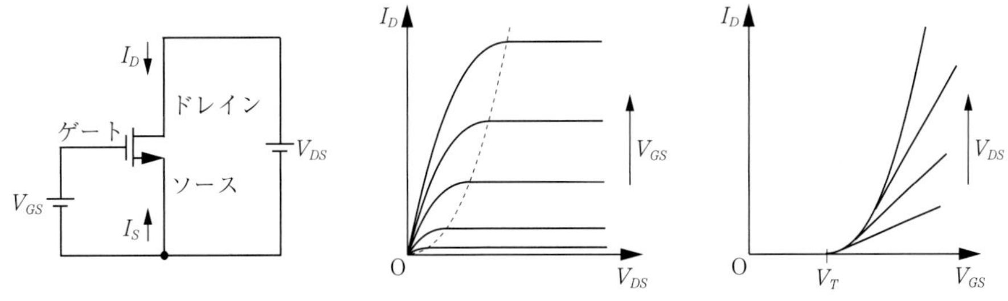

(a) 共通ソース回路　(b) 出力特性（$I_D - V_{DS}$ 特性）　(c) 伝達特性（$I_D - V_{GS}$ 特性）

図 5.14 共通ソース回路と出力特性，伝達特性

置の回路，またはソース接地回路と呼ぶ．V_{GS} が入力電圧，I_D が出力電流となる．

図 (c) には入力 V_{GS} と出力 I_D の関係を示す．入力信号が出力に伝達される様子を示しているため，この特性は**伝達特性**と呼ばれる．V_{DS} を一定にして V_{GS} を増加させると，しきい値 V_T を超えた時点で I_D が流れ始める．このときは $V_{DS} > V_{GS} - V_T$ が成立しており，MOSFET は飽和領域にある．更に V_{GS} を増加させていくと，いずれは $V_{DS} < V_{GS} - V_T$ となり，線形領域に入ることがわかる．

5.3.3 エンハンスメント型とデプリーション型

これまで説明してきた n チャネル MOSFET では，ゲートに電圧を印加しない状態でドレイン電流が流れず，正の電圧を意図的に印加しないと流れないため，**エンハンスメント** (enhancement) 型，または**ノーマリオフ** (normally-off) 型，と呼ばれる．しきい値が正，すなわち $V_T > 0$ であることが特徴である．一方，しきい値が負，すなわち $V_T < 0$ である n チャネル MOSFET も知られている．これは，ゲートに電圧を印加しない状態でドレイン電流が流れ，負の電圧を意図的に印加しないと電流を止めることができないため，**デプリーション** (depletion) 型，または**ノーマリオン** (normally-on) 型，と呼ばれる．2 種類の MOSFET を組み合わせることで特徴ある回路を構成することもできるが，近年の論理回路の大半はエンハンスメント型 MOSFET を利用する．入力電圧が 0 のとき電流が流れず，消費電力が発生しないためである．これらの伝達特性を**図 5.15** に示す．同図には p チャネル MOSFET の場合についても示す．図 5.4 で示したように，p チャネル MOSFET ではソースからドレインへ電流が流れる．一方，ドレイン電流 I_D の正方向はドレインに流れ込む方向にとるため，p チャネル MOSFET では $I_D < 0$ となる．

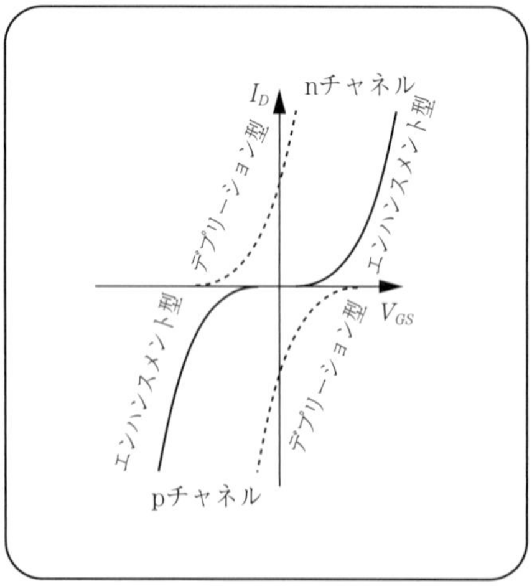

図 5.15 エンハンスメント型とデプリーション型の MOSFET の伝達特性

5.3.4 チャネル長変調効果

実際のMOSFETの特性では**図5.16**に示すように，飽和領域のドレイン電流I_Dが図5.14のように一定ではなく，傾きを持つ場合が多い．その理由は次のように説明できる．式(5.19)によれば，ドレイン電流はチャネル長Lの逆数に比例する．一方，ピンチオフが発生すると，図5.13に示すように実効的なチャネル長はy_2と考えられ，Lより短いと考えることができる．ドレイン電圧V_{DS}が増加すると，僅かではあるがy_2は小さくなる．その結果I_DがV_{DS}とともに増加することになる．このような現象は**チャネル長変調効果**，または**アーリー効果**として知られている．

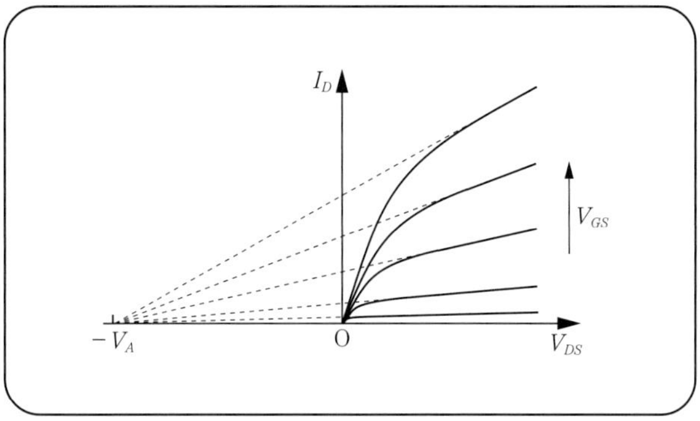

図5.16 チャネル長変調効果（アーリー効果）

飽和領域の傾きをλとすると

$$I_D = \frac{1}{2}\mu C_{ox}\frac{W}{L}(V_{GS} - V_T)^2\{1 + \lambda(V_{DS} - V_{DSsat})\} \tag{5.21}$$

と書くことができる．傾きが緩やかなときには，図5.16に示すように，飽和領域の特性を延長すると，横軸と$-V_A$で交差する．ここに，V_Aは$\lambda = (V_{DSsat} + V_A)^{-1}$を満足し，**アーリー電圧**と呼ばれる．$V_{DSsat}$は線形領域と飽和領域の境界のドレイン－ソース間の電圧であり，$V_{DS} > V_{DSsat}$を仮定している．

近年のMOSFETでは素子微細化に伴いチャネル長Lが短くなり，僅かなy_2の変化によってもI_Dが変化するので注意を要する．実際の回路では，図5.14(b)の飽和領域を電流源として利用する場合も多い．つまり，ドレイン電流が専らゲート電圧V_{GS}で決まっており，出力（ドレイン）側から見ると，ドレイン電圧V_{DS}が変化しても流れる電流が一定であるからである．しかし，チャネル長変調効果があると，V_{DS}が変化するとI_Dも僅かだが変化するため，理想的な電流源として見なせなくなる．アナログ回路を設計するときにはこれが特性劣化の原因になることが多く，注意を要する．チャネル長を長くすればチャネル長変調効果を抑止できるため，必要に応じてLを長くする．これに対してディジタル回路では最小チャネル長のMOSFETが用いられる．

5.4 等価回路と高速化の指針

MOSFETの等価回路について説明する．MOSFETの内部で起きている物理現象を回路素子で記述することは，MOSFETを用いた回路設計を容易にする．特に，MOSFETを駆動するのに必要な直流バイアスに，小さな信号が加えられた場合の解析に有用な小信号等価回路について説明する．これは，アナログ回路を設計する上で重要であるだけでなく，高速動作に適したMOSFETの構造を考える上での設計指針を与える点で，ディジタル回路を考える上でも役立つ考え方である．

5.4.1 低周波小信号等価回路

まず，**図5.17**(a)に共通ソース配置の回路図（図5.14(a)）を再掲し，最も簡単な**等価回路**を図(b)に示す．ここで，$I(V_{GS}, V_{DS})$は，ゲート－ソース間電圧及びドレイン－ソース間電圧の関数としての電流源を示す．今，MOSFETが飽和状態で動作していると仮定する．すなわち

$$V_{DS} > V_{GS} - V_T \tag{5.22}$$

とする．このとき

$$I(V_{GS}, V_{DS}) = \frac{1}{2}\mu C_{ox}\frac{W}{L}(V_{GS} - V_T)^2\{1 + \lambda(V_{DS} - V_{DSsat})\} \tag{5.23}$$

である．

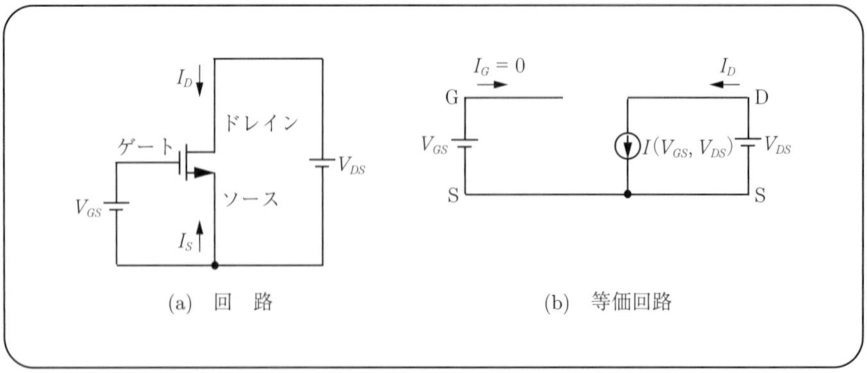

図5.17　共通ソース回路とその等価回路

〔1〕 **出力抵抗**　式 (5.22) を満足するようなゲート – ソース間電圧及びドレイン – ソース間電圧の値を ${V_{GS}}^0$ 及び ${V_{DS}}^0$ を MOSFET に印加している状態を考える．その値に対する出力特性と伝達特性を**図 5.18** に示す．点 P_1 及び点 P_2 は動作点である．このようなバイアス状態で，図 (a) に示すように，${V_{GS}}^0$ は一定にしたままで，ドレイン – ソース間電圧 ${V_{DS}}^0$ に小さな正弦波信号 v_{ds} を重ねた場合，すなわち

$$v_{DS} = {V_{DS}}^0 + v_{ds} \tag{5.24}$$

を考えると，ドレイン電流は次式で表すことができる．

$$I({V_{GS}}^0, v_{DS}) = {I_D}^0 + \left(\frac{\partial I_D}{\partial V_{DS}}\right)_{{V_{DS}}^0} v_{ds} \tag{5.25}$$

$$= {I_D}^0 + {I_D}^0 \lambda v_{ds} \equiv {I_D}^0 + g_d v_{ds} \tag{5.26}$$

ドレイン電流もバイアス電流成分 ${I_D}^0$ と v_{ds} に対応する正弦波成分 i_d に分けたとすると

$$i_D = {I_D}^0 + i_d \tag{5.27}$$

であり，これらの式から

$$i_d = g_d v_{ds} \equiv {r_{ds}}^{-1} v_{ds} \tag{5.28}$$

が成り立つことがわかる．g_d を MOSFET の**ドレインコンダクタンス**と呼び，その逆数 ${g_d}^{-1}$ を r_{ds} と書き，**出力抵抗**または**ドレイン抵抗**と呼ぶ．飽和領域の出力抵抗は

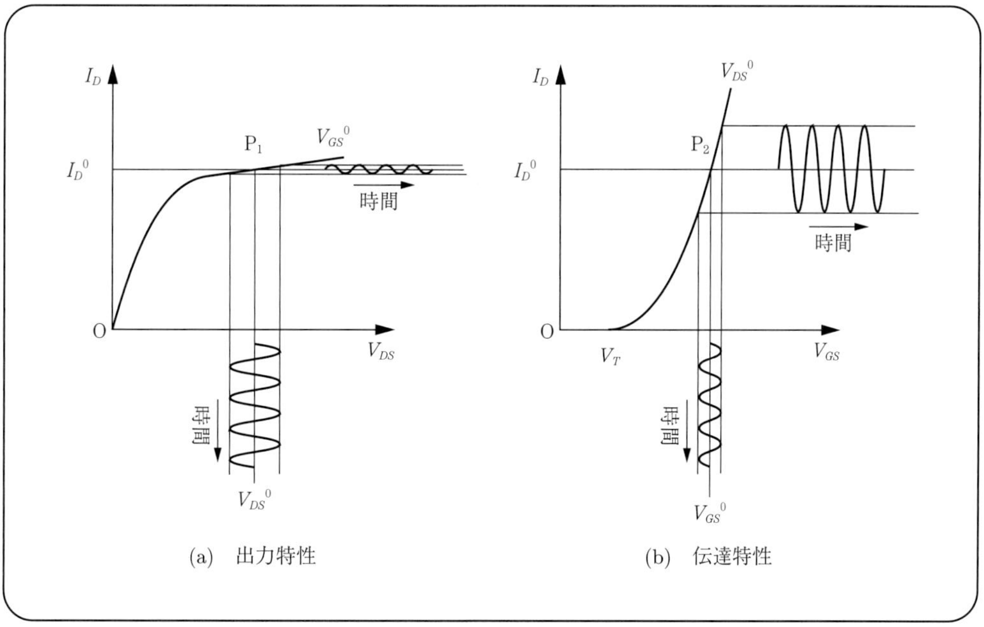

図 5.18　MOSFET の出力特性と伝達特性における dc バイアス成分と小信号成分

$$r_{ds} = (I_D{}^0 \lambda)^{-1} \tag{5.29}$$

と表すことができる．

ここで，電流変数，電圧変数とそれぞれの下付添え字の使い方に注意する．すなわち，それぞれの値の瞬時値に対しては変数を小文字，下付添え字を大文字で，一定のバイアス値に対しては変数と下付添え字をともに大文字で，信号値に対しては変数と下付添え字をともに小文字で，表記することにする．上記の変形は信号がバイアス値に対して十分に小さく，電流電圧特性を傾きが一定である直線で近似できることを想定している．この意味で v_{ds} を小**信号成分**と呼ぶ．

〔**2**〕 **相互コンダクタンス**　　一方，ドレイン－ソース間電圧を一定値 $V_{DS}{}^0$ にして，ゲート－ソース間電圧 $V_{GS}{}^0$ に小さな正弦波 v_{gs} を重ねた場合，すなわち

$$v_{GS} = V_{GS}{}^0 + v_{gs} \tag{5.30}$$

を考えると，ドレイン電流は

$$I(v_{GS}, V_{DS}{}^0) = I_D{}^0 + \left(\frac{\partial I_D}{\partial V_{GS}}\right)_{V_{GS}{}^0} v_{gs} \tag{5.31}$$

$$= I_D{}^0 + \mu C_{ox}\frac{W}{L}(V_{GS} - V_T)v_{gs} \equiv I_D{}^0 + g_m v_{gs} \tag{5.32}$$

と表すことができる．ただし，λV_{DS} の項は小さいとして無視した．したがって

$$i_d = g_m v_{gs} \tag{5.33}$$

が成り立つことがわかる．g_m を MOSFET の**相互コンダクタンス**と呼ぶ．g_d と異なり，抵抗では書けないことに注意する．電圧を印加している端子と電流が流れる端子とが異なるためである．これに対して，g_d ではそれらが同じであったため抵抗として表すことができた．このように飽和領域での MOSFET の相互コンダクタンス g_m は次式で表せる．

$$g_m = \mu C_{ox}\frac{W}{L}(V_{GS} - V_T) \tag{5.34}$$

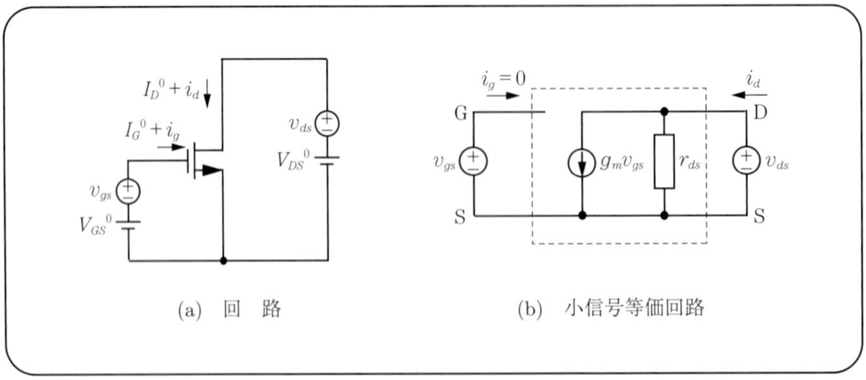

(a) 回　路　　　(b) 小信号等価回路

図 **5.19**　共通ソース回路と小信号等価回路

さて，これらのことを回路図として表現すると**図 5.19** のようになる．式 (5.29) 及び式 (5.34) と等価な回路になっていることが理解できると思う．点線枠内を共通ソース配置の MOSFET の**小信号等価回路**と呼ぶ．

〔**3**〕 **電圧利得** これまで説明してきた小信号等価回路を用いて，**図 5.20** (a) に示す共通ソース増幅器の電圧利得を求めてみよう．R_L は負荷抵抗である．図 (b) は図 5.17 (b) を用いて，また，図 (c) は図 5.19 (b) を用いて，それぞれ回路を書き換えたものである．共通ソース増幅器では入力側，つまりゲート－ソース電圧に信号成分を加え，出力側，つまりドレイン－ソース電圧には一定のバイアス電圧のみ印加する．したがって，図 (c) のドレイン側には電源がなく，短絡状態になっていることに注意する．この回路の出力側での接点方程式は

$$v_{out} = -g_m v_{gs}(r_{ds}//R_L) \tag{5.35}$$

と書ける．// は並列接続された合成抵抗を表す．v_{gs} が入力信号電圧 v_{in} であるから，**小信号電圧利得** A_v は

$$A_v \equiv \frac{v_{out}}{v_{in}} = -g_m(r_{ds}//R_L) \tag{5.36}$$

と求めることができる．大きな電圧利得を得るには，まず g_m を大きくすればよい．そのためには，式 (5.34) から，ゲート長 L を短くすることが有効であることがわかる．近年の

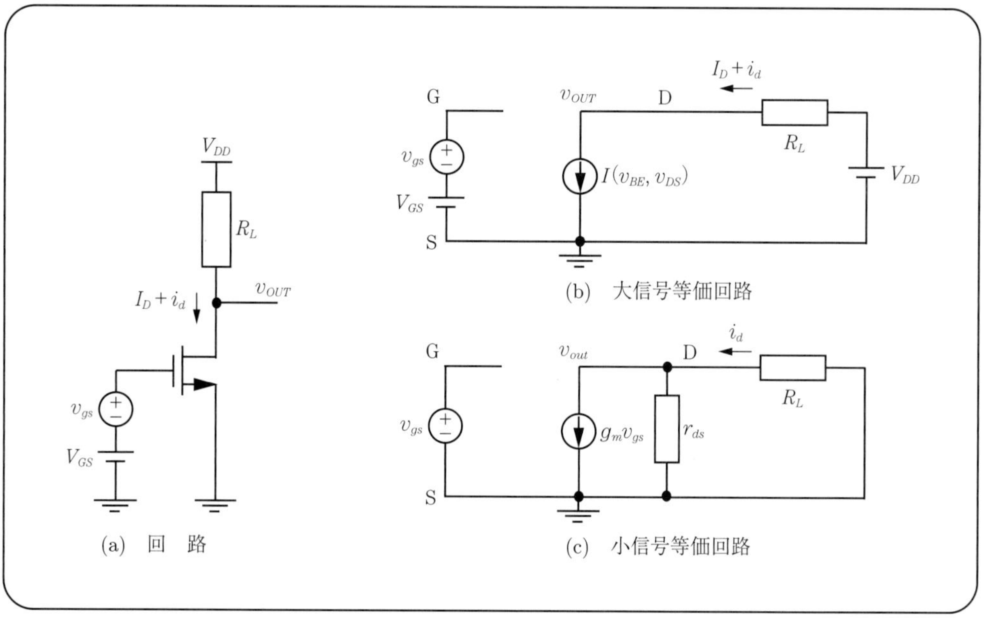

図 **5.20** 共通ソース増幅器の回路と大信号等価回路，小信号等価回路

MOSFET の微細化に伴い，ゲート長も年代とともに短くなっており，大きな電圧利得を得る上で微細化が有効であることがわかる．また，$r_{ds}//R_L$ を大きくすることも有効である．そのためには MOSFET の出力 r_{ds} を大きくする必要がある．式 (5.29) によれば，そのためには λ を小さくする必要がある．すなわち，チャネル長変調効果を抑える必要がある．微細化 MOSFET ではそれが困難なことが多く，回路仕様に合わせた最適化が必要になる．

5.4.2 高周波小信号等価回路

〔1〕 **MOSFET の寄生容量**　これまでの等価回路は低周波信号の解析には有用であるが，高周波信号の解析には不十分である．MOSFET にはその物理的な構造に起因する容量が存在しており，高周波信号解析ではそれを考慮に入れる必要がある．これらの容量は**寄生容量**と呼ばれる．**図 5.21** にそのような寄生容量を示す．C_{ch} はゲートとチャネル（反転層）が平行平板容量構造となっていることから発生する MOSFET 動作に本質的な容量で**チャネル容量**と呼ばれる．C_{ov} はゲートとソースまたはドレインとの重なり部分に起因する容量で**重なり容量**と呼ばれる．MOSFET 動作にとって本質的ではないが，この重なり部分がないと，製造工程上の何らかの原因でゲート位置が横にずれ，ゲートによって発生するチャネルがソースまたはドレインとつながらず，MOSFET が動作しなくなるのを防ぐ目的で，予め起こりうる「ずれ」分だけの余裕を見込んで重なり部分を設けている．すなわち，製造工程上の必要性に起因する寄生容量である．C_{Js} 及び C_{Jd} は，それぞれソース－ボディ間及びドレイン－ボディ間に存在する pn 接合の**空乏層容量**である．これらの pn 接合は順バイアス状態にはならないので電流が流れることはないが容量として機能し，MOSFET 回路の高周波特性に影響を及ぼす．C_{dep} はゲート－ボディの MOS 構造において，ゲート電圧により基板（ボディ）内に広がった空乏層に起因する容量である．

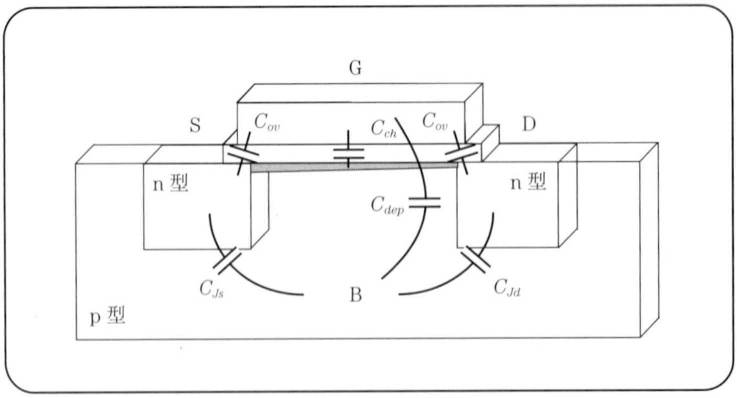

図 5.21　MOSFET の寄生容量

これらの容量を考慮して，図 5.20 の低周波小信号等価回路の MOSFET の各端子間に寄生容量を含めた高周波小信号等価回路を**図 5.22** (a) に示す．MOSFET の動作状態によりチャネルの形状が変化するので，**表 5.1** に示す通り，端子間の容量も MOSFET の動作状態と密接に関連する．MOSFET で回路にチャネルが形成されていない**遮断領域**（OFF 状態）の場合，C_{ch} は 0 である．このとき，C_{gs} と C_{gd} は重なり（オーバーラップ）容量 C_{ov} のみである．また，ゲート電圧変化により基板にのびた空乏層厚が変化するため，C_{gb} が基板に発生する空乏層に起因する空乏層容量と等しくなる．C_{sb} と C_{db} は，MOSFET の動作状態とは無関係に，pn 接合に起因する空乏層容量である．ソースとドレイン領域はかつて熱拡散工程

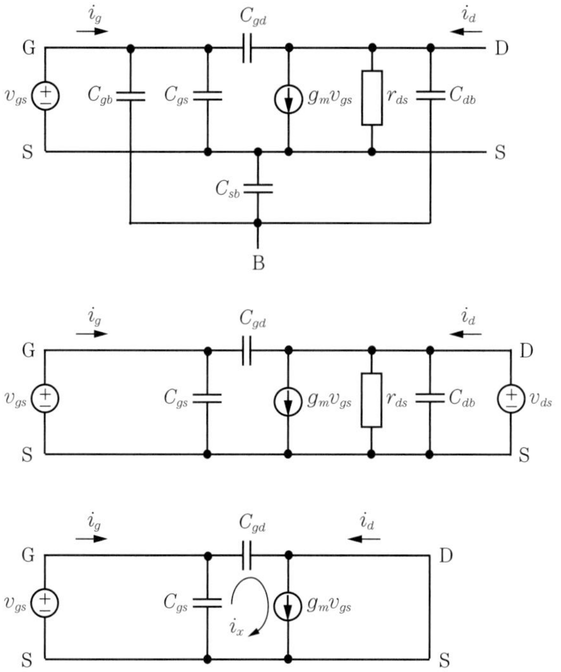

図 5.22　MOSFET の寄生容量を考慮した等価回路

表 5.1　MOSFET の寄生容量

	遮断領域	線形領域	飽和領域
C_{gs}	C_{ov}	$\frac{1}{2}C_{ox}LW + C_{ov}$	$\frac{2}{3}C_{ox}LW + C_{ov}$
C_{gd}	C_{ov}	$\frac{1}{2}C_{ox}LW + C_{ov}$	C_{ov}
C_{gb}	C_{dep}	0	0
C_{sb}	C_{Js}	C_{Js}	C_{Js}
C_{db}	C_{Jd}	C_{Jd}	C_{Jd}

を利用して形成されていたので，この容量を**拡散容量**と呼ぶこともある†.

線形領域ではチャネルが形成されソースとドレインをつなぐため，C_{ch} が半分ずつ C_{gs} と C_{gd} に配分される．一方，ゲート電圧の増加はチャネル中の電荷の増加に費やされ，基板の空乏層の厚さは変化しない．言い換えれば，チャネルにより電界がシールド（遮蔽）される．すなわち，MOS 構造の空乏層内の電荷量は変化しない．このため C_{gb} は 0 となる．飽和領域ではチャネルは存在するものの，ピンチオフのためチャネルとドレインが切り離された状態になる．このため，C_{gd} は C_{ov} のみとなり，C_{ch} が C_{gs} として配分されることになる．ただし，チャネル中の電荷分布を考慮し，電荷量の変化を計算することにより因子 2/3 が付くことがわかる．

〔**2**〕 **電流利得と** f_T 　図 5.19 に示した共通ソース配置に対応する高周波小信号等価回路を図 5.22 (b) に示す．ソースとボディを接続したため，C_{gb} と C_{sb} の充放電はなく，これらの寄生容量は無視できる．また，C_{db} をドレイン－ソース間の容量として接続した．図 (c) は**共通ソース増幅器**の高周波小信号等価回路で，簡単化のため負荷抵抗は付けず，MOSFET の出力抵抗を無視した．低周波等価回路ではゲート電流が流れなかったが，この図に示す高周波等価回路では容量があるためゲート電流が零でないことに注意する．

図 (c) を用いて，共通ソース増幅器の高周波電流利得を計算してみよう．i_x を図のように定義すると，以下の接点方程式を得る．

$$j\omega C_{gs} v_{gs} = i_g - i_x \tag{5.37}$$

$$j\omega C_{gd} v_{gs} = i_x \tag{5.38}$$

$$g_m v_{gs} = i_d + i_x \tag{5.39}$$

これらから，**電流利得**は

$$\left|\frac{i_d}{i_g}\right| = \left|\frac{g_m - j\omega C_{gd}}{j\omega(C_{gs} + C_{gd})}\right| \cong \frac{g_m}{\omega C_{gs}} \tag{5.40}$$

として得られる．MOSFET は飽和領域で動作しており，$C_{gs} \gg C_{gd}$ が成立するとして近似を行った．この式によれば，MOSFET の電流利得は周波数が高くなるとその逆数に比例して小さくなることがわかる．電流利得が 1 となる角周波数 ω_T は

$$\omega_T = \frac{g_m}{C_{gs}} \tag{5.41}$$

と書ける．対応する周波数 f_T は

$$f_T = \frac{g_m}{2\pi C_{gs}} \tag{5.42}$$

† 順方向にバイアスされた pn 接合やバイポーラ接合トランジスタで用いられる拡散容量とは意味が違うので注意を要する．

となる．f_T を**ユニティゲイン周波数**と呼ぶ．MOSFET を高速で動作させるには，高い周波数でも電流利得が高いことが必要であるから，f_T は高いほど望ましい．この式から，そのためには高い g_m または小さな寄生容量 C_{gs} が必要なことがわかる．

式 (5.34) を用いると

$$f_T = \frac{\mu C_{ox}(W/L)(V_{GS} - V_T)}{2\pi(2/3)C_{ox}LW} \tag{5.43}$$

を得る．今，$V_{DS} \cong V_{GS} - V_T$ と仮定し，更にチャネル方向の電界を $E_y \cong V_{DS}/L$ と近似すれば

$$f_T \cong \frac{1}{2\pi(2/3)}\frac{v_e}{L} \tag{5.44}$$

を得る．ここに v_e はチャネルを走行する電子の早さで μE_y に等しいとした．v_e/L は電子がチャネル領域を走り切るのに要する時間の逆数であり，それが f_T とほぼ等しいことがわかる．言い換えると，高周波で MOSFET が動作する限界は，電子の**チャネル走行時間** L/v_e で決まる，という大変興味深い結論が得られたことになる．高速 MOSFET の実現には L/v_e を小さくする必要があり，近年急速に進んでいるチャネル長の微細化は素子の高速化に大変役立つことがわかる．更に近年電子の走行速度を高めるための様々な工夫が MOSFET で試みられていることも，高速動作実現を目指しているためである†．

本章のまとめ

pn 接合のポテンシャル障壁を外部電圧印加による電界効果で引き下げ，電流の制御を可能にしたのが MOSFET である．

❶ 電子により電流を流す n チャネル MOSFET とホールにより電流を流す p チャネル MOSFET がある．電流が流れる領域をチャネル，キャリヤをチャネルに流し出す源をソース，キャリヤをチャネルから吸い取る出口をドレイン，制御電圧を印加する部分をゲート，とそれぞれ呼ぶ．

❷ MOS 構造では金属電極と半導体間の電位差の与え方により，空乏，反転，蓄積の三つの状態が存在する．MOSFET のチャネルは反転状態の MOS 構造の半導体絶縁膜界面に形成される．MS 構造には整流特性と持つショットキー接合とオームの法則に従って電流が流れるオーミック接触がある．

† 例えばチャネル部分に歪みを与えると電子の移動度が大きくなり，電子速度が速くなることが知られている．また，シリコンと比べて電子移動度が高い GaAs や InAs などの化合物半導体を用いた高速トランジスタもよく知られている．

❸ ソース－ドレイン間で電流が流れる ON 状態の MOSFET には飽和領域と線形領域があり，どちらの状態かは V_{GS}，V_{DG} としきい値電圧 V_T で決まる．それぞれの状態でドレイン電流の V_{GS} 及び V_{DG} 依存性が異なため，回路設計では常に動作状態を把握する必要がある．

❹ pn 接合と同様に，MOSFET の特性を線形化することで小信号等価回路を導出できる．チャネル長を短くすることで相互コンダクタンスが増加し，ユニティゲイン周波数も高くなる．また，キャリヤのチャネル領域走行時間を短縮することが MOSFET の高速化には有効である．

●理解度の確認●

問 5.1　MOSFET のフルネームを日本語と英語で答えよ．

問 5.2　MOSFET では基板（ボディ）端子をソース端子と接続することが多い．その理由を答えよ．

問 5.3　MOSFET で V_{GS} が一定のとき，線形領域の相互コンダクタンスと飽和領域の相互コンダクタンスのどちらが大きいか，理由も合わせて答えよ．

問 5.4　図 5.14 (c) で飽和領域と線形領域の境界を示せ．

問 5.5　pMOSFET の小信号等価回路を描け．

6 BJT

本章では，MOSFET と並ぶ代表的なトランジスタである BJT（bipolar junction transistor，バイポーラ接合トランジスタ）について説明する．現在の半導体技術の主流は MOSFET であるが，世界で始めて実現されたトランジスタは BJT であり，トランジスタという名前も BJT の動作にちなむものである．MOSFET の理解を深めるためにも，その素子構造に内在する BJT 的な振る舞いを理解することが重要である．また，BJT は MOSFET と組み合わせて集積回路の中で使われることも多い．

ベル研究所で開発された最初の点接触型トランジスタのレプリカ
（出展：http://theinstitute.ieee.org/technology-focus/technology-history/honoring-the-trailblazing-transistor303）

6.1 素子構造と基本動作

バイポーラ接合トランジスタ（bipolar junction transistor, **BJT**）について説明する．「バイ」は2,「ポーラ」は極性で，二つの極性を持つキャリヤ，すなわち伝導電子とホールが同時に関わり合いながら動作するトランジスタであることを意味する．これに対して，これまで学んできたMOSFETを**ユニポーラ型トランジスタ**と呼ぶことがある．一つ（ユニ）の極性（ポーラ），すなわち，nチャネルMOSFETでは伝導電子が，pチャネルMOSFETではホールが，それぞれトランジスタ動作に関わっているためである．

6.1.1 二つのpn接合

BJTは図**6.1**に示すように二つのpn接合を組み合わせて構成されている．図(a)のようにpn接合が離れている場合には，それぞれのpn接合が独立して動作するだけであるが，図(b)のように接近して配置させることで，特有のトランジスタ作用が得られる．すなわち，pnpまたはnpnというサンドイッチ構造がBJTの基本構造である．このような構成が考えられた歴史的な経緯については興味深いエピソードがあるが，それは9章に回し，その動作について説明することにする．

図(a)に示したように一つのpn接合が順方向に，他のpn接合が逆方向になるよう電圧を印加する場合を考えてみよう．順バイアスされた左側の回路には電流が流れる．そこでは少数キャリヤの注入が起き，左側のn型領域から中央のp型領域に大量の伝導電子が流入する．これらの電子はp型領域の多数キャリヤであるホールと再結合し，接合面から離れるにつれて指数関数的に減衰することを4.2.3節で学んだ．すなわち，拡散長より十分に奥に入った領域ではp型領域における電子濃度はn_{p0}という僅かな値でしかない．一方，右側のpn接合は逆バイアスになっているため，右側の回路には電流が流れない．すなわち，この状態では，二つのpn接合を通して，右側のn型領域から左側のn型領域に向かって電流が流れることはない．

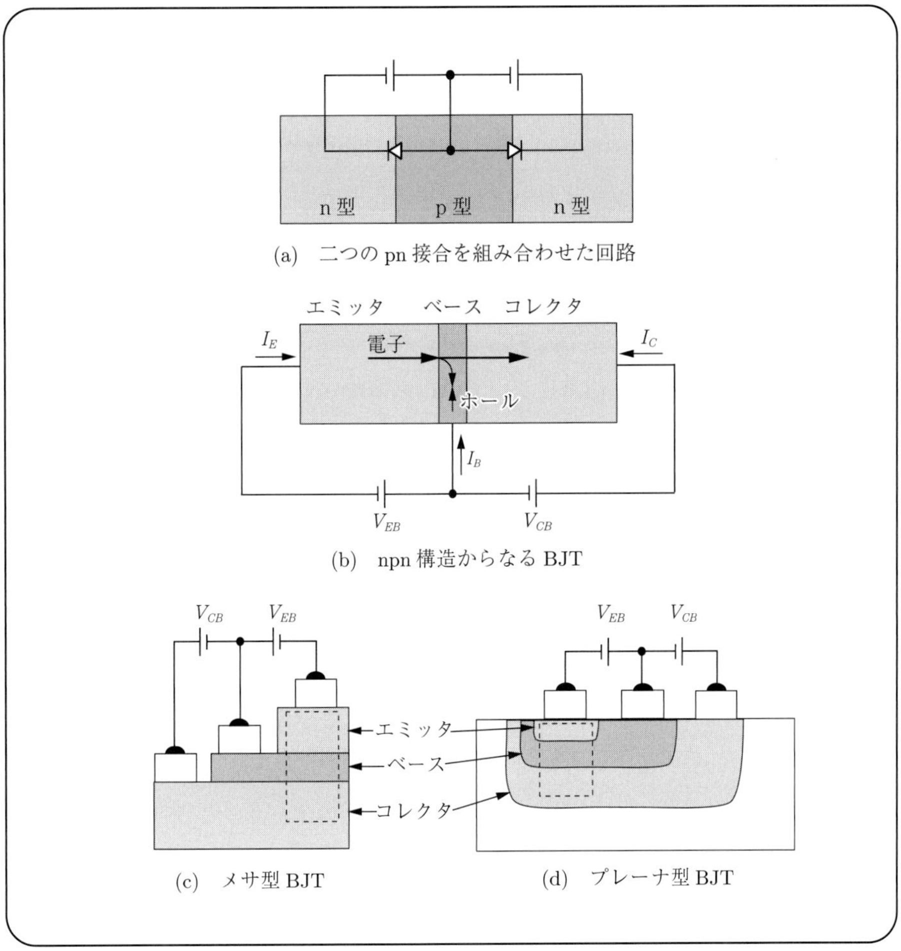

図 6.1　BJT の概念図

これに対して，図 (b) のように二つの接合が接近し，p 型領域の幅が電子の拡散長より狭くなった場合には，逆バイアス状態にある右側の pn 接合まで多くの電子が到達できるようになる．そのような電子は，逆バイアス pn 接合の電界に引かれて右側の n 型領域に流入する．すなわち，二つの pn 接合を通して，右側の n 型領域から左側の n 型領域に向かって電流が流れることになる．左側の pn 接合の順バイアス状態を解除すると電子の注入が止まり，左側の n 型領域への電子流入も止まる．このように，順バイアス電圧 V_{EB} により右側の回路を流れる電流 I_C を制御できることがわかった．これはまさに 2 章で説明したモデル素子の一形態に他ならない．

6.1.2 端子名と回路記号

BJT の端子名と回路記号について説明する．図 6.1 (b) で示したバイアス状態の場合，電子を放出する左側の n 型領域を**エミッタ**（emitter），到達した電子を集める右側の n 型領域を**コレクタ**（collector）と呼ぶ．エミッタは電子を放出するもの，コレクタは電子を集めるものという意味で，それぞれ E，C と略して記述される．これらの n 型領域に挟まれた p 型領域のことを**ベース**（base）と呼び，B で表わす．ベースとは本来基板のことで，何故このように名付けられたかこの図に示した構造からは理解しにくいが，トランジスタが発明された当初のトランジスタの構造に由来する．それは**点接触**（ポイントコンタクト）**型トランジスタ**と呼ばれ，半導体基板に 2 本の針を立てた構造を持ち，2 本の針がエミッタとコレクタ，基板がベースの役割を果たしていた．具体的な構造は 9.1 節に示す．ちなみに，E，B，C は MOSFET の S，G，D に相当する役割を果たしているが，歴史的な経緯もあり，呼び名が統一されることなく現在に至っている．

実際の BJT の構造を図 6.1 (c)，(d) に示す．図 (c) は**メサ型**，図 (d) は**プレーナ**（平面）**型**と呼ばれる．メサは台地上の地形を意味することから名付けられた．どちらの場合も基板に垂直方向に npn サンドイッチ構造が積層された構造になっていて，電流が基板と垂直方向に流れることが特徴的である．これに対して MOSFET では対照的に電流が基板と並行方向に流れている．このため BJT を**縦型**，MOSFET を**横型**のデバイスと分類する場合もある†．

図 6.1 (b) ではエミッタとコレクタで構造上の区別はなく，電圧を印加する方向でそれが決まっているが，実際の構造では図 (c) や図 (d) で示したようにエミッタとコレクタの区別が構造上も存在する．例えば図 (c) では，ベース領域に電極を取らなければならないための一定の面積が必要で，この部分には上部に n 型領域を作ることができない．このため，エミッタとコレクタが逆だとすると，上部の n 型領域で覆われていない p 型領域に下部のエミッタから注入された電子はそのままベース電極に流れてしまい，上部のコレクタに到達することができない．このため一部のエミッタ電流が無駄に使われてしまうことになり，このような使い方は適切でない．図 (d) でも同様のことがいえることは理解できるであろう．

図 6.2 には BJT の回路記号を示す．エミッタには矢印を付け，コレクタと区別する．MOSFET の場合と同じで矢印は p 型から n 型に向いている．MOSFET の場合と同様，電圧を V_{ij} と書いたとき，それは j 電極を基準にした i 電極の電位を示す．また，電流 I_j は j 電極に流れ込む電流であり，流入する方向を正とする．図 (a) は npn 型，図 (b) は pnp 型の BJT を表す．

† 基板に垂直方向に電流が流れる縦型 FET もあり，大電流を流すのに適しているため，電力デバイスとして用いられる．しかし，集積回路で用いられることはほとんどない．

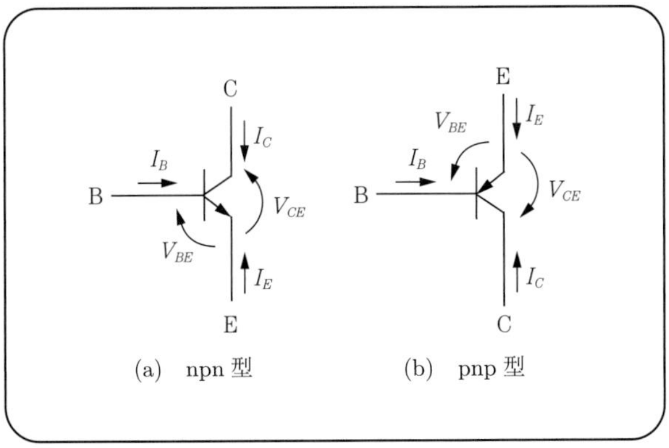

図 6.2 BJT の回路記号

6.2 電流電圧特性

6.2.1 共通ベース配置

〔1〕 **キャリヤの流れと電流成分**　BJT の電流電圧特性を定量的に考察するため，図 **6.3** を用いて BJT におけるキャリヤの流れをもう少し詳しく調べてみよう．

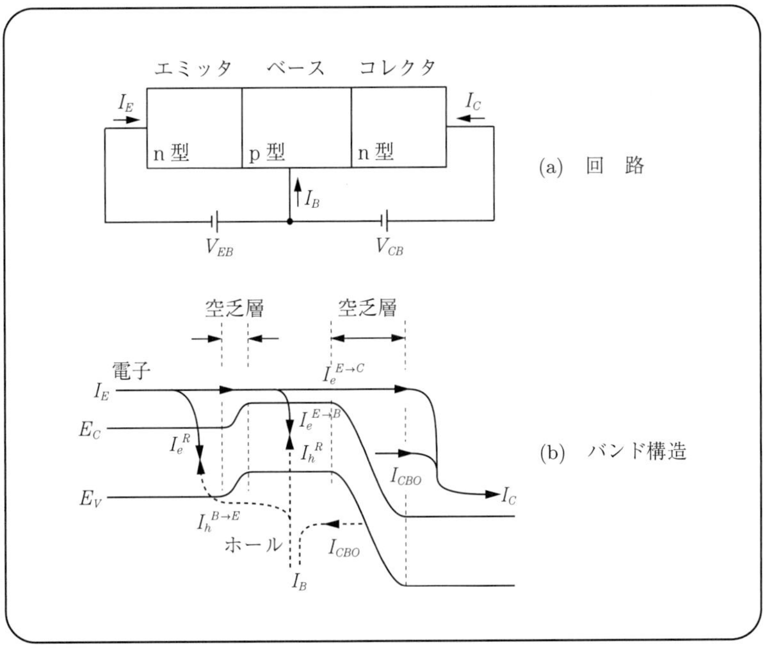

図 6.3 npn 型 BJT 共通ベース回路

まず，端子に外部から流れ込む電流は

$$I_E + I_B + I_C = 0 \tag{6.1}$$

を満足しなければならない．素子内部では考慮すべき幾つかの電流成分があるが，そのおもな成分として，ここでは図 (b) に示したものを考える．この図のようにベースを入出力の共通端子として，エミッタ側を入力，コレクタ側を出力として BJT を用いる回路を**共通ベース配置**と呼ぶ†．ベースを接地して用いる場合も多いので，**ベース接地**回路とも呼ばれる．

エミッタ電流 I_E は，エミッタ内で電子とホールと再結合する成分 ${I_e}^R$，エミッタからベースに注入された電子がベース内でホールと再結合する成分 ${I_e}^{E\to B}$，及び，エミッタからベースに注入された後にコレクタまで到達する成分 ${I_e}^{E\to C}$ に分けて考えることができる．すなわち

$$I_E = -{I_e}^R - {I_e}^{E\to B} - {I_e}^{E\to C} \tag{6.2}$$

と書くことができる．電子の流れとは反対に，エミッタ電流はエミッタからトランジスタ外部に流れ出るので $I_E < 0$ であることに注意する．

ベース電流 I_B は，ベース内でエミッタから注入された電子と再結合する成分 ${I_h}^R$，及び，ベースからエミッタに注入されエミッタ内で電子と再結合する成分 ${I_h}^{B\to E}$，更に，逆バイアスされたベース－コレクタ接合を通りコレクタからベースに流れ込む電流 I_{CBO} に分けて考えることができる．I_{CBO} の最後の添え字 O はエミッタが開放（open）であることを意味する．すなわち

$$I_B = {I_h}^R + {I_h}^{B\to E} - I_{CBO} \tag{6.3}$$

と書ける．I_{CBO} は I_B と流れる方向が逆なので負号を付けた．

コレクタ電流 I_C は，エミッタからベースに注入された電子がコレクタに到達することで流れる成分 ${I_e}^{E\to C}$，及び，逆バイアスされたベース－コレクタ接合を通りコレクタからベースに流れ出る電流 I_{CBO} に分けて考えることができる．したがって

$$I_C = {I_e}^{E\to C} + I_{CBO} \tag{6.4}$$

と書ける．${I_e}^R = {I_h}^{B\to E}$，${I_e}^{E\to B} = {I_h}^R$ であることに注意すると，式 (6.1) が成立することが確認できる．

〔**2**〕 **動作モード**　　先に進む前に，**図 6.4** を用いて BJT の動作モードについて説明する．これまでは図 (a) のようにエミッタ－ベース（EB）接合が順バイアス，コレクタ－ベース（CB）接合が逆バイアスであることを想定していた．このような状態で BJT が動作する

† この他に共通エミッタ配置，共通コレクタ配置がある．ここで共通ベース配置を取り上げる理由は，BJT の二つの pn 接合のバイアス状態を外部電圧が直接決めていて，BJT の基本動作の理解に適していることによる．

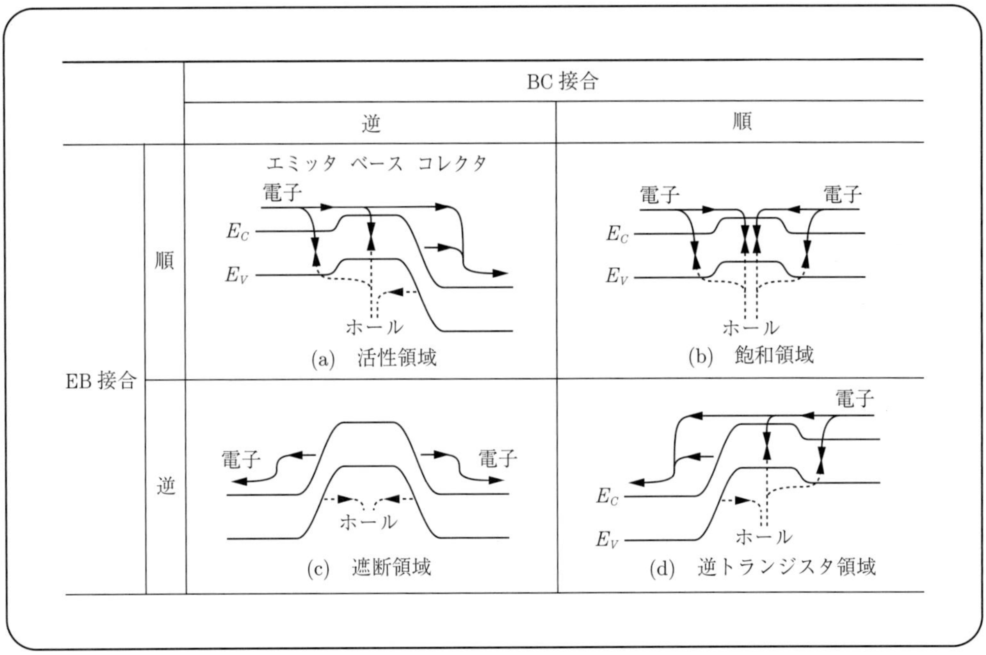

図 6.4 BJT の各動作領域に対応するバンド図とキャリヤの流れ

とき，BJT は**活性領域**にあるという．電圧の与え方としては，これ以外に，図 (b)〜(d) に示すような三つの可能性が考えられる．図 (b) は EB 接合，CB 接合ともに順バイアスを与えたときのバンド図を示す．このときはベースからエミッタ，コレクタに順バイアス電流が流れ出ることになる．もし両方の順バイアス電圧が等しければ，エミッタとコレクタ双方から同じ量の電子がベースに注入されることになり，エミッタからコレクタへの実質的な電子の流れは起こらない†．このような状態にある BJT を**飽和領域**にあるという．MOSFET の飽和領域とは異なる呼び方であることに注意する必要がある．すなわち，MOSFET ではドレイン電圧の増加に対するドレイン電流の増加が飽和することを意味していたのに対して，BJT で「飽和」という場合，それは入力の増加に対して出力の増加が飽和してしまうことを意味する．これは，以下に述べる共通エミッタ回路で説明する．

第 3 の可能性は図 (c) に示すとおり，EB 接合，CB 接合ともに逆バイアス状態になることで，逆バイアス pn 接合の僅かな電流しか流れず，BJT は**遮断領域**にあるという．最後の可能性は図 (d) に示すとおり，活性領域とは逆に EB 接合が逆バイアス，CB 接合が順バイアスになっている状態をいう．この図だけ見ると活性領域と同じ動作が期待できそうに見えるが，実際のトランジスタ構造では図 6.1 (c)，(d) で説明したようにエミッタとコレクタがベース

† 図 6.1 (c)，(d) ではなく図 6.1 (b) の構造を想定している．

に対して対称な構造となっておらず，特にコレクタからベースへの電流が大きくなり正常なトランジスタ動作は期待できない．この状態の BJT は**逆トランジスタ領域**にあるという．

〔**3**〕 **出力特性**　図 6.3 からわかるように，エミッタに外部から供給された電子の中でコレクタに到達できる電子の割合は $I_e^{E\to C}/|I_E|$ で表すことができる．これを**コレクタ到達率**と呼び α で表す．ベース中での再結合がなく，すべての電子がコレクタに到達できれば $\alpha=1$ となる．しかし，実際には 1 をやや下回る値，例えば 0.99 など，となる．これを用いて式 (6.4) を書き換えると

$$I_C=\alpha|I_E|+I_{CBO} \tag{6.5}$$

となる．この式を考慮して図 6.3 の BJT を，**図 6.5** に示すように電流源 $\alpha|I_E|$ を付加した等価回路で表現できる．この図からコレクタ電流 I_C とベース－コレクタ間電圧 V_{CB} の関係，すなわち，図 6.3 に示した BJT 回路の出力特性を図 (b) のように描くことができる．エミッタ電流が零の場合，図 (a) に示した電流源がないことになり，I_C は BC 間の pn 接合の特性と同じである．エミッタ電流を流し始めると $\alpha|I_E|$ 分が I_C に足されるため，図 (b) に示すように曲線が上に移動する．これが共通ベース配置での BJT の出力特性である．本来，ほとんど電流が流れない pn 接合逆特性にエミッタ電流による寄与分が付加されることがわかるであろう．

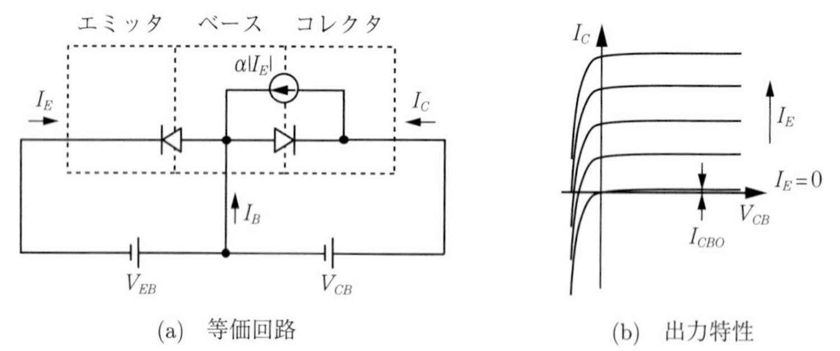

図 6.5　共通ベース回路の等価回路及び出力（I_C-V_{CB}）特性

共通ベース配置では入力電流 $|I_E|$ と出力電流 I_C がほぼ等しく，電流利得 $I_C/|I_E|$ はほぼ 1 である．しかし，入力側の V_{EB} を僅かに変化させたとき，これは pn 接合の順バイアスであるから I_E が大きく変化し，それがコレクタ側にほぼそのまま伝わる．そのため，図 6.3 (a) において V_{CB} とコレクタの間に抵抗を挿入したとすると，その抵抗の両端で大きな電圧変化が得られる．すなわち，電圧利得は大きく，**電力増幅**が可能であることがわかる．実際にトランジスタが発明された当初，マイクロフォンからの音声増幅にはこの回路配置が使われていた．

6.2.2 共通エミッタ配置

〔1〕 **出力特性**　次に電流増幅が可能な**共通エミッタ配置**について説明する．**図 6.6** に示すように，これは，ベース－エミッタ間に入力電流 I_B または電圧 V_{BE} を与え，コレクタ－エミッタ間に流れる電流 I_C を出力として取り出す回路構成である．

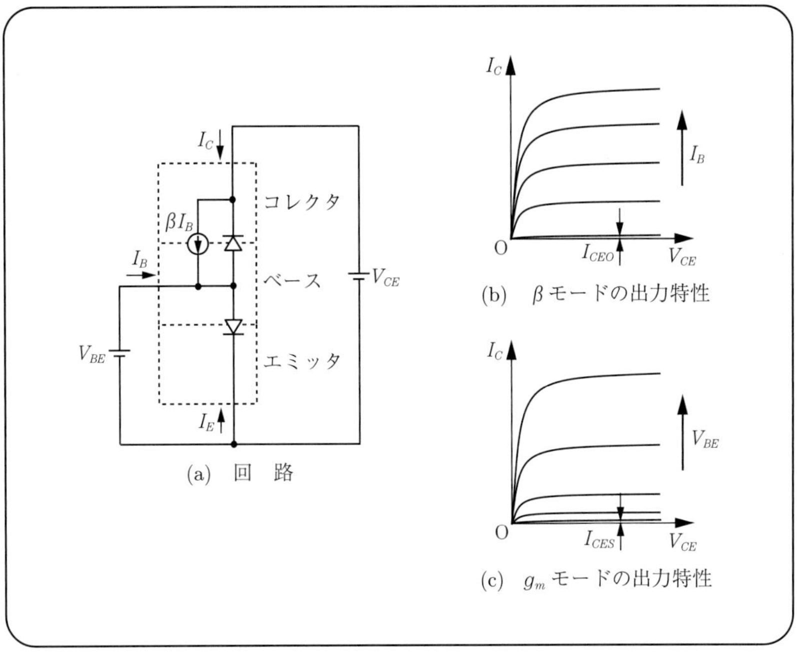

図 6.6　共通エミッタ回路の回路と出力特性

ベース端子での電流の総和を考えると

$$|I_E| = I_B + I_C = I_B + \alpha|I_E| + I_{CBO} \tag{6.6}$$

が成り立ち，$|I_E|$ について解くと

$$|I_E| = \frac{1}{1-\alpha}(I_B + I_{CBO}) \tag{6.7}$$

を得る．$\beta \equiv \alpha/(1-\alpha)$，$I_{CEO} \equiv I_{CBO}/(1-\alpha)$ と定義すると

$$I_C = \beta I_B + I_{CEO} \tag{6.8}$$

と書くことができるから，それを回路で表すと図 (a) のようになる．α はほぼ 1 なので β は 1 より大きい．例えば $\alpha = 0.99$ なら $\beta = 99$ となる．このように入力電流 I_B のほぼ 100 倍の出力電流 I_C が得られ，大きな電流利得が実現できることがわかる．β を**電流増幅率**と呼ぶ．

共通エミッタ配置の出力特性を図 (b)，(c) に示す．

$$V_{CE} = V_{CB} + V_{BE} \tag{6.9}$$

なので，共通ベースの特性を V_{BE} だけ右に移動すればこの特性が得られる．入力として電流 I_B を考えると，もし β が一定であれば，図 (b) に示すように入力電流に比例して増加する出力電流 I_C が得られる．これを **β モード**の出力特性と呼ぶ．I_{CEO} はベース回路を開放（オープン）状態にした，すなわち $I_B = 0$ としたときのコレクタ電流を表す．一方，入力として電圧 V_{BE} を考えると，これはベース－エミッタ接合の順バイアス電圧であることから，V_{BE} が増加すると I_B は指数関数的に増加し，それに伴い，図 (c) に示すように I_C も急激に増加する．これを **g_m モード**の出力特性と呼ぶ．$V_{BE} = 0$ のとき，ベース側の回路は短絡（ショート）状態であるから，そのときのコレクタ電流を I_{CES} としているが I_{CEO} の定義から $I_{CEO} = (1+\beta)I_{CBO}$ と書ける．共通エミッタでベースがオープン状態だと，V_{CE} を増加させたときベースの電位が僅かに下がり，npn 型の場合，エミッタからベースへの電子注入が起きる．この原因となっているのが I_{CBO} なので，それを β 倍した項が付加されることになる．

〔**2**〕　**電流増幅率**　　活性領域で動作する npn 型 BJT を用いた共通エミッタ回路における電流増幅率 $\beta = I_C/I_B$ について考えてみる．特に，大きな β を持つトランジスタを実現するために必要な素子構造の設計指針を明らかにしたい．そのためには，I_B や I_C をトランジスタの構造パラメタを用いて表現する必要がある．

図 6.7 は活性領域のバンド図と，エミッタ，ベースにおける少数キャリヤの分布を示した．p 型ベースにおいて少数キャリヤである電子の分布を図 (a) に示す．接合の式 (4.33) より，エミッタとの境界では

$$n_p(0) = n_{p0} \exp \frac{qV_{BE}}{kT} \tag{6.10}$$

コレクタとの境界では

$$n_p(W) = n_{p0} \exp \frac{-qV_{CB}}{kT} \cong 0 \tag{6.11}$$

とそれぞれ表すことができる．コレクタ－ベース接合は逆バイアス状態なので V_{CB} には負号を付けた．W はベース中性領域の幅を表し，**ベース幅**と呼ばれる．$0 < x < W$ における $n_p(x)$ の分布は図中の破線で表される．これは式 (4.26) のとおり，下に凸の二つの指数関数の和で $n_p(x)$ が表せるからである．エミッタ側からコレクタ側に向かうにつれて傾きが緩やかになる．電子の拡散電流の大きさは $n_p(x)$ の傾きに比例しているから，コレクタに近づくにつれて傾きが緩やかになることは，ベース中での再結合により電子数が減少し，その結果，拡散電流値も減少することを意味している．一方，図 (c) に示すとおり，n 型エミッタにお

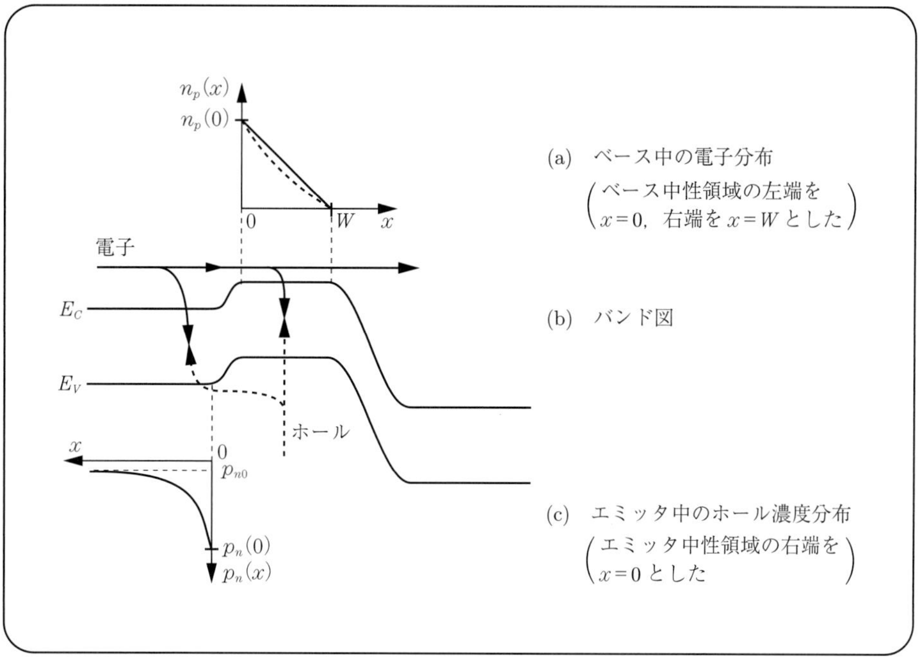

図 6.7 活性領域の BJT における少数キャリヤの分布

ける少数キャリヤであるホールに関しては，ベースとの境界で

$$p_n(0) = p_{n0} \exp \frac{qV_{BE}}{kT} \tag{6.12}$$

接合面から十分離れたエミッタ中性領域で平衡状態の値 p_{n0} になっている．

まずコレクタ電流 I_C を求めてみよう．ベース－コレクタ間の空乏層における再結合，及び，ベース－コレクタ間に流れる逆方向電流成分 I_{CBO} を無視すれば I_C はコレクタとの境界での電子の拡散電流に等しい．これは，十分に大きなコレクタ電流が流れる活性領域では妥当な過程である．すなわち次式となる．

$$I_C = -AqD_e \left(\frac{\partial n_p(x)}{\partial x} \right)_{x=W} \tag{6.13}$$

ここで素子の断面積を A とした．また $I_C > 0$ だが $\partial n_p/\partial x < 0$ なので右辺には負号を付けた．簡単のために，図 (a) の破線を実線で近似することを考える．これはベース中での再結合を無視することを意味する．このとき次式となる．

$$I_C = AqD_e \frac{n_p(0)}{W} = A \frac{qD_e n_{p0}}{W} \exp \frac{qV_{BE}}{kT} \tag{6.14}$$

一方，ベース－コレクタ逆方向電流成分 I_{CBO} とベース中での再結合電流成分 ${I_h}^R$ を無視すると，ベース電流は

$$I_B = {I_h}^{B\to E} \tag{6.15}$$

と書ける．これも活性領域では妥当な近似といえる．${I_h}^{B\to E}$ は pn 接合で求めたホール注入による電流であるから，式 (4.37) から

$$I_B = A\frac{qD_p}{L_h}p_{n0}\left(\exp\frac{qV_{BE}}{kT} - 1\right) \tag{6.16}$$

が成り立つ．

式 (6.14) と式 (6.16) から

$$\beta = \frac{I_C}{I_B} = \frac{A\dfrac{qD_e}{W}\exp\dfrac{qV_{BE}}{kT}}{A\dfrac{qD_p}{L_h}p_{n0}\left(\exp\dfrac{qV_{BE}}{kT} - 1\right)} \tag{6.17}$$

$$= \frac{D_e L_h n_{p0}\exp\dfrac{qV_{BE}}{kT}}{D_p W p_{n0}\left(\exp\dfrac{qV_{BE}}{kT} - 1\right)} \cong \frac{D_e L_h n_{p0}}{D_p W p_{n0}} \tag{6.18}$$

が得られる．ただし

$$\exp\frac{qV_{BE}}{kT} \gg 1 \tag{6.19}$$

を用いた．更に

$$n_{p0} = \frac{n_i^2}{p_{p0}} = \frac{n_i^2}{N_B} \tag{6.20}$$

$$p_{n0} = \frac{n_i^2}{n_{n0}} = \frac{n_i^2}{N_E} \tag{6.21}$$

を用いて変形すると次式が得られる．

$$\boxed{\beta = \frac{D_e L_h N_E}{D_p W N_B}} \tag{6.22}$$

ここに，N_E と N_B はそれぞれエミッタ中のドナー濃度，ベース中のアクセプタ濃度である．

〔**3**〕 **構造設計の指針**　式 (6.22) に基づき，大きな電流増幅率が得られる BJT の構造を考えてみる．D_e，L_h，D_p は材料固有の定数である．トランジスタ設計者が容易に調整できるのは N_E，N_B，W である．これらに対しては，$N_E \gg N_B$ 及び W を狭くすることが大きな電流増幅率を得るために必要であることがわかる．W を狭くすることは BJT の動作原理

で述べた定性的な説明からも推察できるが，それが定量的な解析で裏付けられたことになる．$N_E \gg N_B$ はエミッタのドーピング濃度をベースより十分に高くすることを意味する．それによりエミッタからベースに注入される電子濃度を，ベースからエミッタに注入されるホール濃度より十分に高くすることが可能で，それが大きな電流増幅率に反映される訳である．

BJT の構造を考えると，N_B を余り高くできないことは好ましいことではない．すなわち図 6.1 からわかるように，ベース電極からトランジスタの能動領域（点線枠）までは薄いベース層でつながっている．ベースのドーピング濃度を低くするとこの部分の抵抗が増大し，電圧降下が発生する．更に能動領域でこのような電圧降下が発生するとベース領域内で場所により電位が不均一になり，これは良好な BJT 特性を得る上で望ましいことではない．したがって，N_B を無制限に低くできるわけではなく，このような悪影響を避けるための適切な値に選ぶことが必要になる†.

BJT には MOSFET におけるチャネル長変調効果に相当する**アーリー効果**と呼ばれる現象が存在する．この現象は，BJT の活性領域において，本来，水平でなければならない特性が傾きを持つことをいう．MOSFET の場合と同様，傾きを持つことは出力抵抗が減少することを意味し，回路応用上，好ましいことではない．

アーリー効果の原因について考えよう．BJT では図 6.3 (b) に示すように，エミッタ－ベース間，及びベース－コレクタ間の pn 接合では，それぞれの領域に空乏層が広がっている．今，エミッタ－ベース間の電圧を一定にしてコレクタ－エミッタ電圧が増加すると，ベース－コレクタ間の逆バイアス電圧が増加することになり，空乏層がベースとコレクタ領域に広がる．その結果，中性領域であるベース幅 W が実質的に減少する．電流増幅率 β は式 (6.22) で表されるように，ベース幅 W が減少すると β が増加する．すなわち，ベース電流（またはベース－エミッタ電圧）が一定であったとしても，コレクタ電圧の増加とともに，コレクタ電流も増加することがわかる．すなわちアーリー効果である．

アーリー効果の原因がわかると，それを抑止する対策を考えることができる．コレクタ電圧の増加とともに，空乏層がベース領域に広がることを防げばよい．4.1 節で説明したように，空乏層幅はドーピング濃度に反比例する．したがって，ベースに添加する不純物濃度 N_B をコレクタの濃度 N_C に比べて高くする（$N_B \gg N_C$）と，空乏層がコレクタ側に広がり，ベース領域への広がりを抑えることができるから，W の変化も少なくなり，アーリー効果を抑止できる．一方，電流増幅率を大きく保つには式 (6.22) で表されていたように $N_E \gg N_B$ が必要であったから，これらをまとめると $N_E \gg N_B \gg N_C$ を満足する必要があることがわかる．

† この章の談話室を参照のこと．

さて，コレクタ層の不純物添加量を抑えて，キャリヤ濃度を低くすると，新たな問題が生じる．BJT は図 6.1 に示されたように平面型構造を有し，コレクタ電極もエミッタと同じように半導体基板表面に形成する必要がある．このためにはトランジスタが動作する領域（能動領域）と，そこからある程度離れた場所に形成したコレクタ電極との間をコレクタ電流が流れることになるが，コレクタ濃度が低いとその部分の抵抗が高くなり，電圧降下が無視できなくなる．これはそれだけ余分な電圧を外部から供給しなければならないこと，また，能動領域でベース－コレクタ間の電圧が一定でなくなること，などの問題を引き起こす．これを解決するため，**図 6.8** に示すように，トランジスタ領域（点線枠）の下部とコレクタ電極を結ぶバイパスのように高濃度層を設け，トランジスタのコレクタ領域と電極間の抵抗を低減化する構造が採用されている．この領域を**サブコレクタ**領域と呼ぶ．

以上のように，BJT の構造は，電流増幅率の増加，アーリー効果の抑止，ベース－コレクタ電圧の均一化，を両立するために考えられた構造であることがわかる．

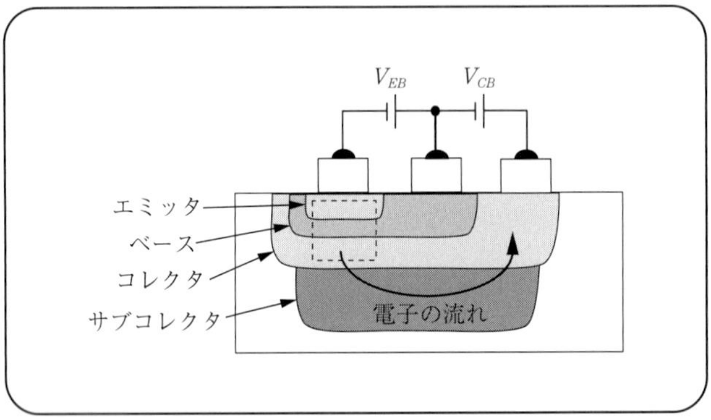

図 6.8　サブコレクタを持つ BJT

談　話　室

ヘテロ接合バイポーラトランジスタ　エミッタとベースの材料を工夫して，ベース幅とベース濃度の間のジレンマを解決することができる．**ヘテロ接合バイポーラトランジスタ**（heterojunction bipolar transistor: **HBT**）と呼ばれる構造がそれで，その考案者はノーベル賞を受賞した．**図 6.9** にそのバンド図を示す．エミッタにバンドギャップの広い材料を使い，ホールの注入を防ぐ構造になっているため，ベースのドーピング濃度を高くしても，高い電流増幅率を維持できることが特徴である．しかしその作製は容易ではなく，期待したとおりの性能を有する素子製作技術，特に制御性のよい結晶成長技術の確立が必要であり，HBT が実現されたのは考案から 20 年以上経た後であった．この素子を用いたパワーアンプは高速で動作し，しかも電力使用効率が高いため，携帯無線機器の送信部分で使われている．

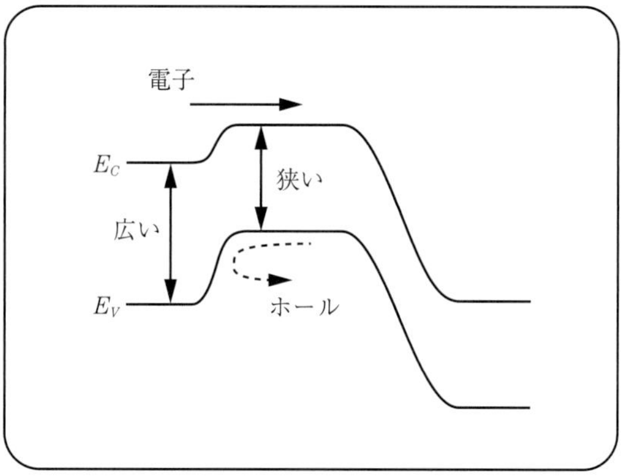

図 6.9　HBT のバンド図

6.3 小信号等価回路

この節では，増幅器として広く利用される共通エミッタ配置のBJTを対象として，回路設計や性能評価に用いられる等価回路を説明する．更にそれを用いて高周波特性について考察する．参考のため図 6.6 (a) を図 **6.10** (a) として再掲する．

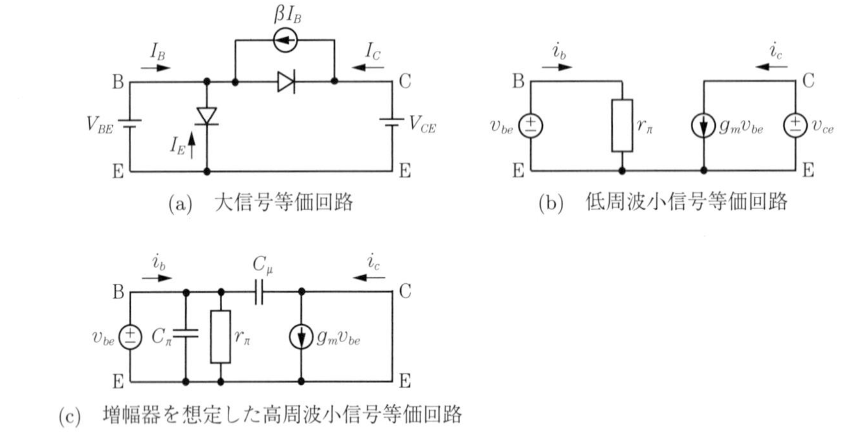

図 6.10　共通エミッタ回路の等価回路

6.3.1 低周波小信号等価回路

BJTを増幅器のようなアナログ回路に適用する場合，まずBJTが活性領域になるようにバイアス電圧や電流を印加し，増幅しようとする信号成分をバイアス値に重ねる．例えば，増幅器の場合，実際にベースに流す電流が i_B であるとき，それは一定の直流バイアス成分 I_B と時間とともに変化する信号成分 i_b の和として

$$i_B = I_B + i_b \tag{6.23}$$

と表すことができる．同様にコレクタ電流も

$$i_C = I_C + i_c \tag{6.24}$$

と表すことができる．この記号を用いると，入力信号電流と出力信号電流の比で定義される電流増幅率 β は $\beta = i_c/i_b$ と表すことができる．

コレクタ電流 i_C はエミッタ－ベース電圧 v_{BE} に指数関数的に依存することは式 (6.14) で示したが，ここで同じ式を上記の表現を用いてもう一度示す．

$$I_C + i_c = A\frac{qD_e n_{p0}}{W} \exp \frac{q(V_{BE} + v_{be})}{kT} \tag{6.25}$$

入力電圧振幅 v_{be} が十分に小さければ，この関係式を線形化（直流バイアス電圧点で式を級数展開）できて次式となり

$$I_C + i_c \cong A\frac{qD_e n_{p0}}{W} \exp \frac{qV_{BE}}{kT} + A\frac{qD_e n_{p0}}{W} \frac{q}{kT} \left(\exp \frac{qV_{BE}}{kT} \right) v_{be} \tag{6.26}$$

$$= I_C + I_C \frac{q}{kT} v_{be} \tag{6.27}$$

コレクタ電流とベース－エミッタ電圧のそれぞれの小信号成分 i_c と v_{be} の関係式として

$$i_c = I_C \frac{q}{kT} v_{be} \tag{6.28}$$

を導出できる．MOSFET の場合と同様，比例係数を**相互コンダクタンス** g_m と呼び

$$g_m = \frac{i_c}{v_{be}} = \frac{qI_C}{kT} \tag{6.29}$$

で表すことができる．

BJT ではベース－エミッタ間の pn 接合が順バイアス状態にあり，低周波でもベース電流が流れる．これはゲート絶縁膜のため低周波ではゲート電流が流れない MOSFET と違う点である†．ベース－エミッタ間の電圧とベース電流の関係も既に式 (6.16) で示したが，v_{be} と i_b を用いて書き直すと

$$I_B + i_b = A\frac{qD_p}{L_h} p_{n0} \left\{ \exp \frac{q(V_{BE} + v_{be})}{kT} - 1 \right\} \tag{6.30}$$

と書ける．順バイアス状態なので右辺の第 2 項の 1 を無視し，コレクタ電流の場合と同様に右辺を展開すると

$$I_B + i_b = A\frac{qD_p}{L_h} p_{n0} \exp \frac{qV_{BE}}{kT} + A\frac{qD_p}{L_h} p_{n0} \frac{q}{kT} \exp \frac{qV_{BE}}{kT} v_{be} \tag{6.31}$$

$$= I_B + I_B \frac{q}{kT} v_{be} \tag{6.32}$$

を得る．すなわち

† 多数のトランジスタを用いる大規模な集積回路では，この電流による消費電力が無視できない．このため，大規模化が進むにつれて，集積回路に使われるトランジスタが BJT から MOSFET に置き換わったという経緯がある．

$$r_\pi \equiv \frac{v_{be}}{i_b} = \frac{kT}{qI_B} \tag{6.33}$$

の抵抗が入力側に存在することになる．式 (6.29) を用いて変形すると

$$r_\pi = \frac{v_{be}}{i_c}\frac{i_c}{i_b} = \frac{\beta}{g_m} \tag{6.34}$$

と書くこともできる．以上を考慮した低周波小信号等価回路を図 6.10 (b) に示す．

6.3.2 拡散容量

高周波特性を考えるためには寄生容量を考える必要がある．BJT ではエミッタ－ベース間，ベース－コレクタ間に二つの pn 接合が含まれるから，これらの空乏層容量を考慮する必要がある．それとは別に，順バイアス状態にある pn 接合では**拡散容量**と呼ばれる容量成分があり，一般に空乏層容量より大きな寄与がある．したがって，ベース－エミッタ間が順バイアス状態にある活性領域では，拡散容量を等価回路に含める必要がある．少数キャリヤの拡散現象が関わっていることから，拡散容量と呼ばれる．

今，エミッタ－ベース電圧 V_{BE} が ΔV_{BE} だけ増加したときの，BJT のベース領域に蓄えられる電荷量の変化 ΔQ を考える．求める拡散容量 C_{dif} は

$$C_{dif} \equiv \frac{\Delta Q}{\Delta V_{BE}} \tag{6.35}$$

で与えられる．ΔV_{BE} の増加に対するベース中の少数キャリヤの増加の様子を図 **6.11** に示す．薄く色を付けた部分の面積が増加分に相当する．ここで接合の式を用いれば

$$n_p(0)=n_{p0}\exp\frac{qV_{BE}}{kT} \tag{6.36}$$

$$n'_p(0)=n_{p0}\exp\frac{q(V_{BE}+\Delta V_{BE})}{kT} \tag{6.37}$$

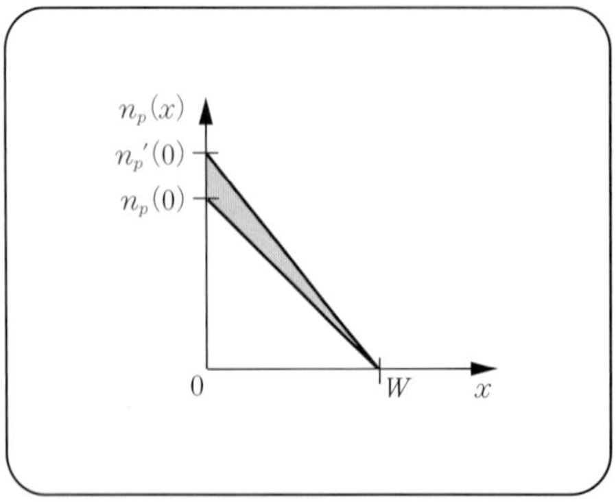

図 6.11　拡散容量

である．ΔV_{BE} が小さいと仮定して級数展開し，整理すると

$$\Delta n_p(0) \equiv n'_p(0) - n_p(0) \cong \frac{qn_{p0}}{kT} \exp \frac{qV_{BE}}{kT} \Delta V_{BE} \tag{6.38}$$

が成り立つ．$\Delta Q = q\Delta n_p(0)WA/2$ と書けるから

$$C_{dif} = \frac{q\dfrac{qn_{p0}}{kT} \exp \dfrac{qV_{BE}}{kT} \Delta V_{BE} WA}{2\Delta V_{BE}} = \frac{q^2 WA}{2kT} n_{p0} \exp \frac{qV_{BE}}{kT} = \frac{q}{kT}|Q_B| \tag{6.39}$$

として少数キャリヤの注入と拡散に起因する容量が求まる．ここで Q_B はベース領域内の電子による電荷で $Q_B \equiv -qn_p(0)WA/2$ である．また A を pn 接合面の面積とした．

6.3.3 電流増幅率と f_T

次に，共通エミッタ増幅器で BJT が活性領域で動作している場合の**電流増幅率** i_c/i_b を考える．このときの高周波小信号等価回路を図 6.10 (c) で示す．簡単のため，コレクタ側は短絡していると仮定する．このとき v_{CE} に信号成分はないため回路図には v_{ce} を含めなかった．C_π は拡散容量とエミッタ－ベース間の空乏層容量の並列合成容量である．また，C_μ はベース－コレクタ間の空乏層容量である．$Z_\pi \equiv (j\omega C_\pi)^{-1}//r_\pi$ とおけば，MOSFET の場合の式 (5.40) の $j\omega C_{gs}$ を $1/Z_\pi$ にすればよいから

$$\frac{i_c}{i_b} \cong \frac{g_m}{j\omega C_\pi} \tag{6.40}$$

高周波領域で考えているので $Z_\pi \cong (j\omega C_\pi)^{-1}$ と近似した．

電流利得が 1 になる**ユニティゲイン周波数** f_T は

$$f_T = \frac{g_m}{2\pi C_\pi} \tag{6.41}$$

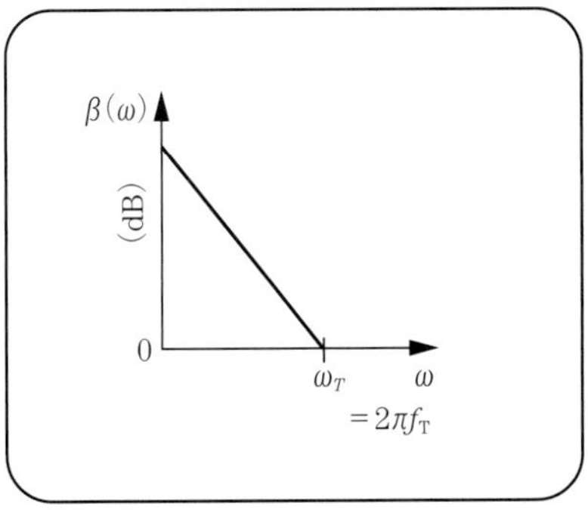

図 6.12　電流利得の周波数依存性とユニティゲイン周波数

と求められる．f_T が高いほど高周波特性が優れていると考えることができる．この式からわかるとおり，相互コンダクタンス g_m が大きいこと，また，エミッタ－ベース間の合成容量 C_π が小さいことが高周波動作に有利である．拡散容量 C_{dif} が支配的であるため，$C_\pi \cong C_{dif}$ と考え式 (6.39) を式 (6.41) に代入すると

$$f_T = \frac{g_m}{2\pi}\frac{kT}{q|Q_B|} \tag{6.42}$$

更に式 (6.29) を代入すると

$$f_T = \frac{I_C}{2\pi|Q_B|} \tag{6.43}$$

が得られる．$|Q_B|/I_C$ はベースにおける電子の平均滞在時間を意味するから，上の式は f_T が平均滞在時間の逆数に比例することを表している．この滞在時間を短くできれば高周波特性が向上する．例えばベース層厚を薄くすることで滞在時間が短くなるから，高周波特性も改善されることがわかる．

6.4 MOSFETとの比較

MOSFET の相互コンダクタンスは式 (5.34) で得られたが，ここで再掲する．

$$g_m{}^{MOSFET} = \mu C_{ox}\frac{W}{L}(V_{GS} - V_T) \tag{6.44}$$

と表すことができた．式 (6.29) で得られた BJT の式

$$g_m{}^{BJT} = \frac{i_c}{v_{be}} = \frac{qI_C}{kT} \tag{6.45}$$

との比をとると

$$\frac{g_m{}^{BJT}}{g_m{}^{MOSFET}} = \frac{qI_C}{kT}\frac{L}{\mu C_{ox}W(V_{GS} - V_T)} = \frac{qI_C}{kT}\frac{V_{GS} - V_T}{2I_D} \tag{6.46}$$

と書ける．公平に比較するために電力を一定とする．すなわち入力側の電流は出力側と比較して十分小さいとして無視し，出力側の電圧を等しくしたと想定して電流が同じである場合，すなわち $I_C = I_D$ なる条件下で両者を比較する．このとき

$$\frac{g_m{}^{BJT}}{g_m{}^{MOSFET}} = \frac{q}{kT}\frac{V_{GS} - V_T}{2} \tag{6.47}$$

となり，g_m の比は $V_{GS}-V_T$ と $2kT/q$ の比として与えられる．前者の典型的な値を1Vと想定すれば，後者は室温で約50mVであるから，この比は20となり，BJTの g_m がMOSSFETの20倍大きいということがわかる．この観点からはBJTがMOSFETより優れているといえる．別の言い方をすると，同じ g_m を得るには電流値を1/20に絞ることが可能で，この意味では低消費電力動作に適しているともいえる．

一方で，大規模ディジタル回路に関してはMOSFET，正確には次章で説明するCMOS構成が低消費電力化では圧倒的に有利である．それは定常的な電流が流れないためである．BJTではベース電流を僅かではあるが流す必要があり，大規模化したときにはかなりの消費電力になるためである．

BJTの特徴の一つにしきい値の均一性を上げることができる．5.3節で説明したように，MOSFETのしきい値は，チャネルとなる反転層を形成する前に基板を空乏化させるために必要な電圧であり，基板のドーピング濃度，ゲート酸化膜厚など，素子の構造パラメタに依存している．特にアナログ回路への応用を考えたとき，しきい値の変動は回路性能の変動につながる．BJTでは，ベース–エミッタ接合が順方向にバイアスされ，pn接合に形成されたポテンシャル障壁をキャリヤが乗り越えことができるようになる電圧でしきい値が決まり，バンドギャップエネルギーに依存する．これは半導体固有の定数であり，素子構造パラメタには依存しない．すなわち，しきい値変動幅はBJTの方がMOSFETより小さい．

本章のまとめ

npn 及び pnp サンドイッチ構造を基本とする BJT に関して，動作原理，電流電圧特性，高性能化に指針を説明した．

❶ BJT はベース領域を薄くすることで，エミッタからベースに注入された少数キャリヤがコレクタに通り抜ける現象を利用する．活性領域ではエミッタ－ベース間は順バイアス状態，ベース－コレクタ間は逆バイアス状態にある．このため，エミッタ－コレクタ間に流れる電流がエミッタ－ベース間の電圧で決まり，ベース－コレクタ電圧にはほとんど依存しないことが動作の基本である．

❷ 共通ベース配置では電流増幅率は 1 だが，電圧増幅率が高く，電力増幅が可能である．共通エミッタ配置では高い電流増幅率が得られる．そのためには，ベース層を薄くすることが重要である．

❸ 電流電圧特性を線形化した小信号等価回路は，基本的には MOSFET のそれと類似しているが，順バイアス pn 接合のため，入力抵抗が低いことが異なる．また，少数キャリヤの注入に起因する拡散容量が高周波特性に支配的な影響を与える．

❹ 同じ電流レベルで比較すると，BJT の相互コンダクタンスは MOSFET と比較して遙かに大きく，その点では優れているといえる．

●理解度の確認●

問 6.1 BJT のエミッタ，ベース，コレクタの不純物濃度を N_E，N_B，N_C とするとき，$N_E \gg N_B \gg N_C$ であることが望ましい理由を答えよ．

問 6.2 集積回路に使われる素子が BJT から MOSFET に移っていった技術的な理由として考えられることを三つ挙げよ．

問 6.3 pnp 型 BJT が活性領域，飽和領域，遮断領域にあるときのバンド図を描け．

7 CMOS論理回路

本章では，MOSFETを用いて実現できる論理回路について説明する．まず最も簡単な論理機能である論理否定（NOT）回路，すなわちインバータについて説明する．5章で説明したnチャネルMOSFETとpチャネルMOSFETが互いに補完的に動作することで，ほぼ理想的な論理否定機能を実現できることがわかるであろう．次に，インバータを発展させた一般的なCMOS論理回路について説明する．まず簡単なNAND/NOR回路から始め，ダイナミック回路，パスゲートのような特徴的な論理回路を説明する．最後に，今日の驚異的な集積回路技術発展の原動力となったスケール則について解説する．

7.1 CMOSインバータ

7.1.1 機能と実現方法

コンピュータの中では情報が「0」,「1」で表されている．このように,「0」,「1」だけを取ることが許された変数 x とその関数 $f(x)$ を考える．もし

$$f(x) = \begin{cases} 0 & (x = 1) \\ 1 & (x = 0) \end{cases} \tag{7.1}$$

が成り立つとき，この関数を論理否定（NOT）と呼ぶ．論理否定の機能を持つ回路のことをインバータまたは**NOT 回路**と呼ぶ．回路記号を**図 7.1** (a) で示す．「0」,「1」を電圧で表すことを想定し，前者を 0 V，後者を回路に供給する電源電圧 V_{DD} で表すことにする†．図 (b) に入出力特性を示す．インバータとして動作するためには，入力電圧が 0 V のとき出力が V_{DD}，入力電圧が V_{DD} のとき出力が 0 V となる必要がある．破線が理想的な特性であるが，後で説明するように実際の回路では実線のような特性になる．以下では，高い電圧値を「HIGH」，低い電圧値を「LOW」とも書くことにする．

2 章で説明したように，スイッチを用いてインバータを構成することができる．それを図 (c) に示す．入力 V_{in} に対して，図 (d) 及び図 (e) に示すようにスイッチが切り替われば，インバータとして動作する．

次に図 (c) で示したインバータを 5 章で学んだ MOSFET で実現する方法を説明する．まず**図 7.2** (a) に示すような n チャネル MOSFET と抵抗で構成した回路を考えよう．図 (b) は，図 5.14 (b) で示した nMOSFET の出力特性をもう一度示す．(i) から (v) はゲート－ソース間電圧 $V_{GS}{}^N$，すなわち今の場合には入力電圧 V_{in}，が増加するとき，ドレイン電流 $I_D{}^N$ が増加する様子を示す．図中に引いた直線は負荷線といい，出力端子 V_{out} における接点方程式

$$V_{out} = V_{DS}{}^N = V_{DD} - I_D{}^N R_L \tag{7.2}$$

を表す．nMOSFET の $I_D - V_{DS}$ 曲線と負荷線との交点が実際の（$V_{DS}{}^N$, $I_D{}^N$）の組合わせを表す．図 7.2 (c) 及び図 (d) には，それらの交点から得られた出力電圧 $V_{out}(= V_{DS}{}^N)$ 及び回路に流れる電流 $I_0(= I_D{}^N)$ を入力電圧 V_{in} の関数として示す．図 7.1 (b) と図 7.2 (c) を比

† このように論理値と電圧を対応させることを**正論理**と呼ぶ．この逆に「0」,「1」をそれぞれ V_{DD} と 0 V に対応させることも可能である．これを**負論理**と呼ぶ．特に断らない限り本書では正論理を仮定して説明する．

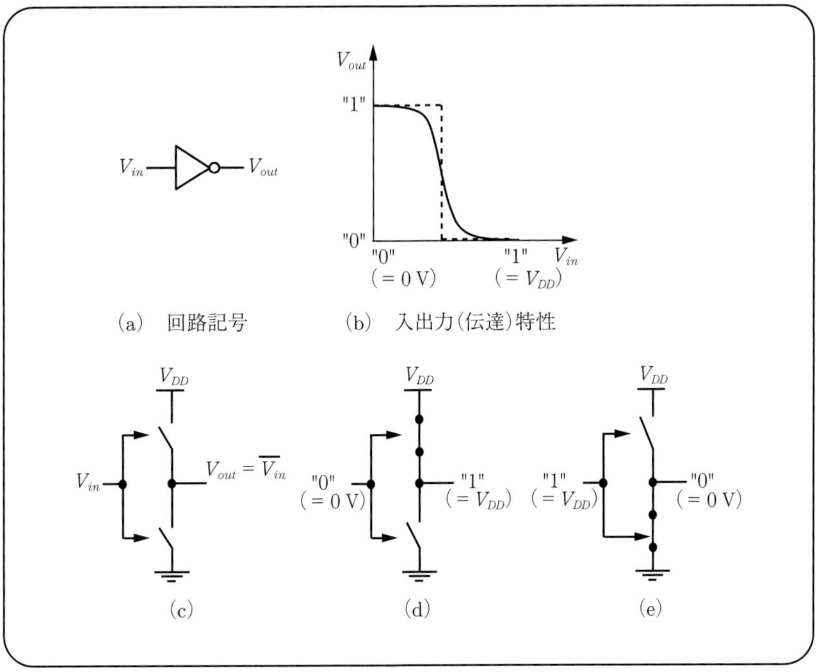

図 7.1　インバータ（NOT 回路）（(c)〜(e) は理想スイッチを用いて実現したインバータの動作を示す）

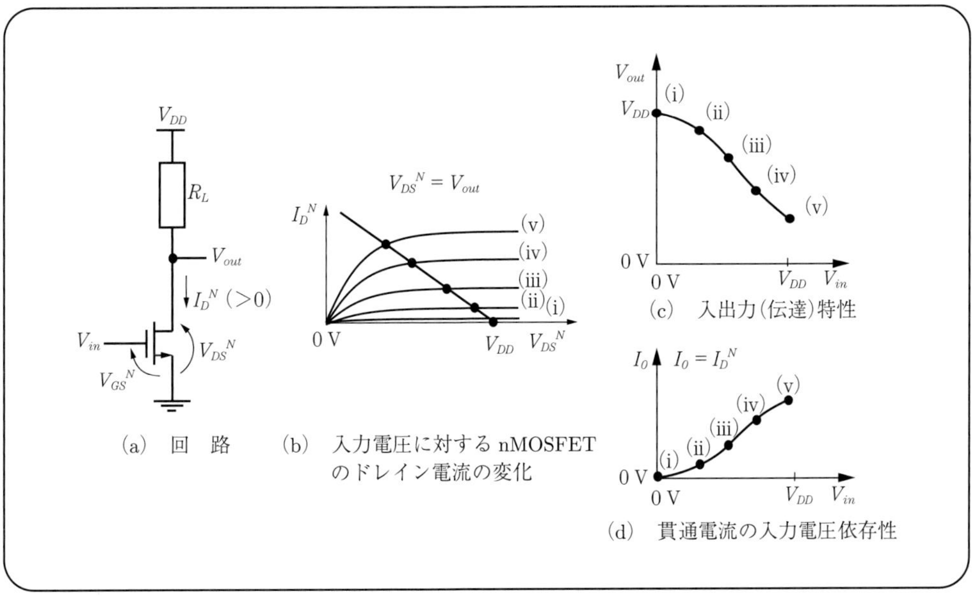

図 7.2　nMOS インバータ

較するとわかるように，入力が LOW のとき出力が HIGH，入力が HIGH のとき出力が LOW というインバータ動作が実現できていることがわかる．一言でいえば，入力が LOW のとき nMOSFET が OFF 状態でドレイン電流が流れないため，抵抗の両端で電圧降下がなく，出力がHIGHすなわちV_{DD}になる．一方，入力がHIGHならnMOSFETがON状態となり，ドレイン電流が流れるため，抵抗両端の電圧降下分だけ出力電圧が減少した，といえる．モデルデバイスを用いて図2.3で説明した動作が，実際のnMOSFETで実現できたことがわかる．

このような回路形式のインバータを**nMOSインバータ**，または**抵抗負荷型インバータ**と呼ぶ．その問題点について説明する．入力がLOW（0 V）であったとするとnMOSFETがOFFになる．すると，電源V_{DD}からグランド（GND，接地）までの電流経路がつながっていないため電流は流れず，この状態での電力消費もない．このとき出力はHIGH（V_{DD}）である．一方，入力がHIGH（V_{DD}）の場合は，nMOSFETがON状態になり，負荷抵抗に流れる電流による電圧降下のため出力電圧はLOWになる．しかし，このときには電流が流れ続けるので消費電力が零ではない．このように抵抗負荷型インバータ回路では，出力がLOWのとき，定常的に電流が流れ電力が消費される．このような電流は一般に小さいが，近年の集積回路のように極めて多数のトランジスタが同じSi基板に形成された場合，電流の総和は無視できず，大きな消費電力につながる．また，LOW出力が完全に0 Vではない．その理由は図7.2(b)を見れば明らかである．入力HIGHに対するこの出力が次段から見たときHIGHと間違うことがないように，これは0 Vに近い方がよく，もちろん0 Vになることが理想的である．

7.1.2 回路構成と動作原理

このような消費電力の発生とLOW出力が完全に0 Vではないことの問題点を解決した回路が**CMOSインバータ**回路である．これはnMOSFETとpMOSFETを組み合わせて，「相補的に（complementary）」動作させることを特徴としている．このためその頭文字をとって，**CMOS**回路と呼ばれる．

CMOSインバータの回路を図**7.3**に示す．pMOSFETでは，ソース及び基板に対してゲートに負の電位を与えることで発生したSi基板表面のホールを利用して，ソース－ドレイン間で電流を流す．電流の流れる向きとホールの流れる向きは一致するので，キャリヤがチャネルに流れ出るソースは電位の高い端子，チャネルからキャリヤを引き抜くドレインは電位の低い端子となる．図(a)では，V_{DD}とV_{out}の間に挿入されたのがpMOSFETで，電流はV_{DD}からグランドに流れようとするので，V_{DD}側がソース，V_{out}側がドレインである．一方，nMOSFETでは，グランドに接続された端子がソース，出力に接続された端子がドレインである．

入力AがV_{DD}つまりHIGHであったとすると，nMOSFETのゲート－ソース間の電圧V_{GS}はV_{DD}であり，これがnMOSFETのしきい値より大きくなるように選んであると仮

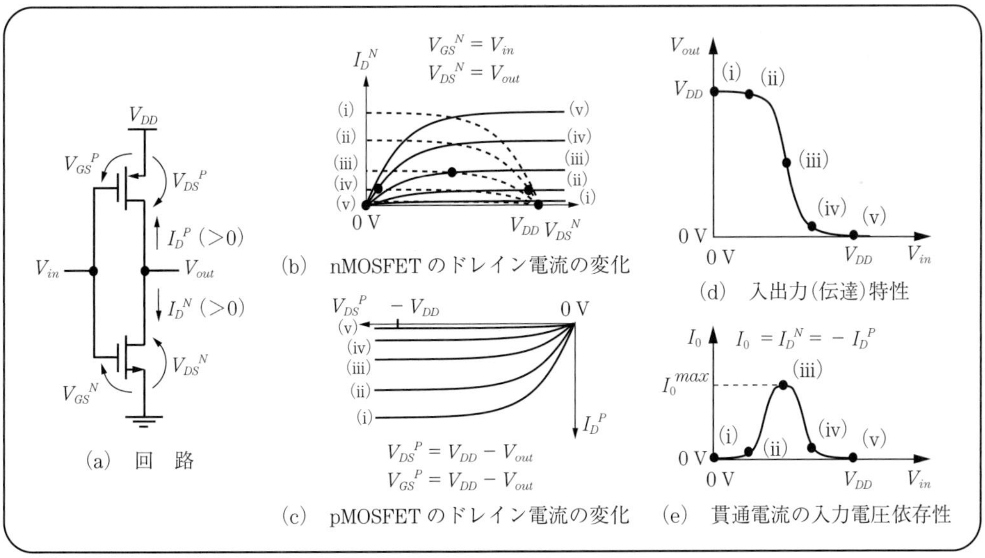

図7.3　CMOSインバータ

定すれば，nMOSFETは導通状態つまりON状態になっている．一方，pMOSFETのゲート－ソース間の電圧V_{GS}は零であり，これはpMOSFETのしきい値より大きいので（絶対値で考えるとpMOSFETのしきい値より小さいので），pMOSFETは絶縁状態つまりOFF状態になっている†．すなわち出力はグランドとつながっていて，出力電圧（出力端子とグランド間の電圧）は0VつまりLOWである．

次に，入力Aが0V，つまりLOWであったとすると，nMOSFETのゲート－ソース間の電圧V_{GS}は0Vであり，これはnMOSFETのしきい値より小さいのでnMOSFETは絶縁状態つまりOFF状態になっている．一方，pMOSFETのゲート－ソース間の電圧V_{GS}は$-V_{DD}$であり，これがpMOSFETのしきい値より小さく（絶対値で考えるとpMOSFETのしきい値より大きく）なるように選んであると仮定すれば，pMOSFETは導通状態つまりON状態になっている．すなわち，出力はV_{DD}とつながっていて，出力電圧（出力端子とグランド間の電圧）はV_{DD}つまりHIGHである．

このように入力がHIGHのとき出力がLOW，入力がLOWのとき出力がHIGHとなり，この回路がインバータ（NOT回路）として機能していることがわかる．すなわち，図7.1(c)～(e)が実際に実現できていることがわかる．抵抗負荷型インバータと異なり，どちらの場合でも，V_{DD}からグランドへの定常的な電流は流れないことに注意する．実際，入力がHIGHな

† 図5.15に示したように，通常用いるエンハンスメント型pMOSFETのしきい値電圧は負であったことを思い出すこと．

ら pMOSFET が，LOW なら nMOSFET がそれぞれ OFF 状態であり，V_{DD} − グランド間の電流経路が絶たれているためである．このため，CMOS インバータでは定常的な消費電力が零である．これは他の CMOS 論理回路にも当てはまる特徴で，Si 基板上に極めて多数の論理回路を形成した場合でも，消費電力の増加を抑止することができる．このため，今日の大規模集積回路のほとんど全ては CMOS 論理回路から構成されている．これは本書の中で最も強調したいポイントである．

7.1.3 レベル再生機能

CMOS インバータが持つもう一つの重要な性質を述べる．集積回路では多くの論理ゲートが接続され，複雑な論理機能が実現される．いわば「伝言ゲーム」のようにして各ゲートを信号が伝わる過程で，雑音が混入する可能性が十分に考えられる．その結果，途中から誤った信号が伝わると，最終的な出力が意味のないものになってしまう．CMOS インバータの伝達特性にはこれを防止する巧妙な仕掛けが隠されている．

図 7.4 (a) に示すような CMOS インバータの接続を用いて，実際の CMOS 論理回路の接続をモデル化してみる．CMOS インバータの伝達特性は図 (b) で表されている．今，1 段目の CMOS インバータへの入力が HIGH（$= V_{DD}$）であったとする．雑音が混入しても，V_{DD} より大きくなるときには，出力は 0 V のままで変化はない．問題になる可能性があるのは，雑音のため入力信号が小さくなる場合である．今，この図に示すとおり，V_1' になったとする．伝達特性によれば，このときの 1 段目の CMOS インバータの出力は V_2' になることがわかる．これが 2 段目の CMOS インバータの入力となるから，図 (b) の破線で示した 2 段目の CMOS インバータの伝達特性を使うと，その出力は V_3' となり，雑音の影響で小さく

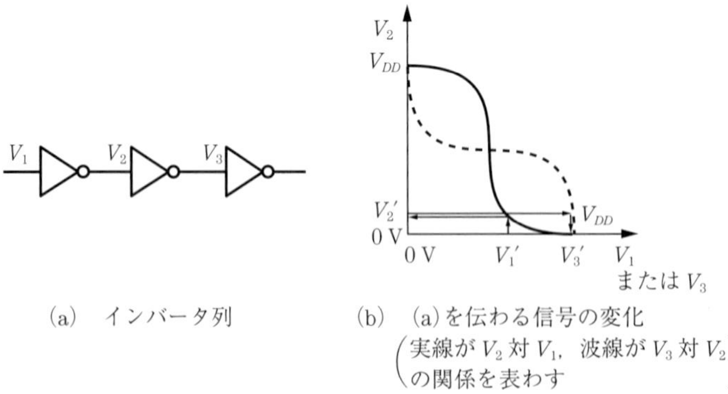

(a)　インバータ列　　(b)　(a)を伝わる信号の変化（実線が V_2 対 V_1，波線が V_3 対 V_2 の関係を表わす）

図 7.4　レベル再生機能

なった HIGH の信号 V_1' が V_{DD} に近い値 V_3' に回復していることがわかる．これを**レベル再生機能**と呼ぶ．

インバータの伝達特性としては，入力が HIGH なら出力が LOW，入力が LOW なら出力が HIGH という，2 点の関係が必要ではあるが，それだけでは十分でなく，図 (b) に示すようにその周囲に広がる，大きな逆 S 字型特性になっていることが重要である．これは，雑音がそのまま次段以降に伝わるアナログ回路と比較したときの，CMOS ディジタル回路の際だった特徴で，ディジタル回路による複雑な信号処理を可能にした鍵を握っている重要な点である．今後，もし CMOS 論理回路に代わる，新しい原理で動作する論理素子が開発されたとしても，それはこのような伝達特性を持っていなければならないことに注意すべきである．

7.2 消費電力と動作速度

7.2.1 消費電力の評価

一般に消費電力は電流と電圧の積で表すことができる．CMOS 論理回路の消費電力を求める場合も同様である．電圧に相当するのは電源電圧 V_{DD} である．一方，先に述べたとおり，定常状態，つまり入力が変化しない状態，では電流が流れない．したがって，電流と電圧の積は零であり電力は消費されない．言い換えると，スタティック（静的）な消費電力は零である†．一方，入力が変化し，それに伴って出力も変化する場合の消費電力はダイナミック（動的）な消費電力と呼ばれ，零でない値を持つ．回路には書かれていないが，5.4.2 項で説明したように，実際の MOSFET には必ず何らかの寄生容量が付随している．したがって，出力値が変化する，すなわち出力端子の電位が変化するときには，必ず容量の充放電が起こる．そのために必ず何らかの電流が流れるため電力が消費される．

最も基本的な CMOS 論理回路であるインバータを例に挙げ，詳しく調べてみよう．今，**図 7.5** (a) に示すとおり，$t = T_1$ でステップ関数的に入力 V_{in} が LOW（0 V）から HIGH（V_{DD}）に変化したとする．これに伴い，出力は HIGH（V_{DD}）から LOW（0 V）に変化する．変化の直前まで出力が V_{DD} であったことは，出力端子に付随した容量に静電エネルギー

† 実際には僅かなリーク電流が存在するため厳密に零ではない．しかし極めて小さいのでここではこのように表現することにした．（詳しくはこの節の最後を参照のこと）

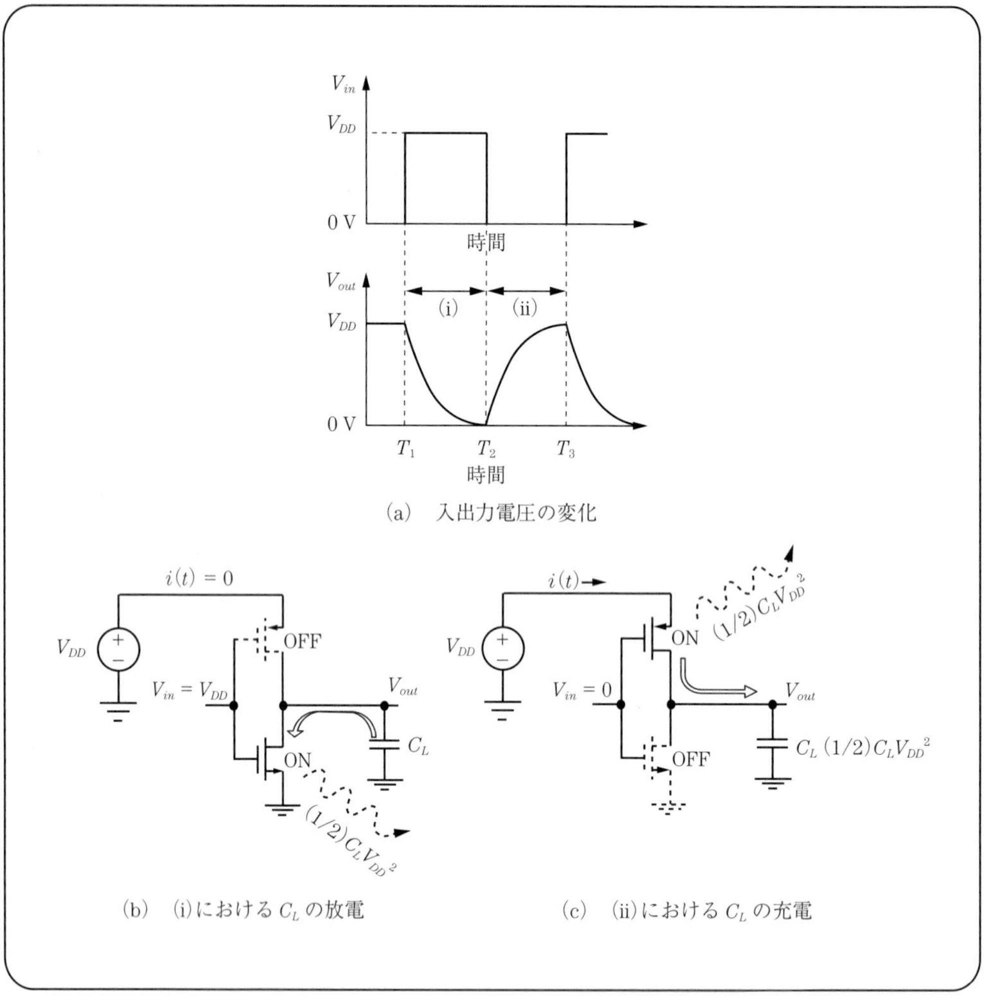

図 7.5 CMOS インバータの動作と出力電圧変化

が蓄えられていたことを意味する．容量を C_L とすれば静電エネルギーは $C_L {V_{DD}}^2/2$ である．これは電磁気学で知られているように

$$\int_0^{C_L V_{DD}} V(Q)dQ = \int_0^{C_L V_{DD}} \frac{Q}{C_L} dQ = \frac{1}{2} C_L {V_{DD}}^2 \tag{7.3}$$

で求めることができる．出力が LOW（0 V）になることは，この静電エネルギーが零になるわけだから，このエネルギーが消費されなければならない．それはこの容量の放電に伴い，ON 状態にある nMOSFET に電流が流れ，そのときのジュール熱として消費されることになる．それは

$$\int_{T_1}^{T_2} i(t) V_{out}(t) dt = -\int_{V_{DD}}^{0} C_L V_{out} dV_{out} = \frac{1}{2} C_L {V_{DD}}^2 \tag{7.4}$$

として求めることができ，当然のことながら，失われた静電エネルギーの値に等しいことがわかる．ここで，nMOSFET を流れる電流 $i(t)$ は容量 C_L を放電する電流であり，$-C_L(dV_{out}/dt)$ と書けることを利用して置換積分を行った．この様子を図 (b) に示す．

次に $t = T_2$ でステップ関数的に入力 V_{in} が HIGH（V_{DD}）から LOW（0 V）に変化するときを考える．このとき，出力 V_{out} は LOW から HIGH に変化するが，それは瞬時には起こらない．なぜなら，出力電圧が増加することは，出力端子に付随している寄生容量が充電されることを意味し，充電にはある程度の時間が必要だからである．その容量値を C_L とすれば，0 V から V_{DD} まで電圧が増加するためには $Q = C_L V_{DD}$ だけの電荷が出力端子に供給されなければならない．これは LOW 入力時に ON 状態にある pMOSFET を通して，電源 V_{DD} から供給される．このとき，pMOSFET の抵抗がゼロでないため，ジュール熱が発生し，電力が消費されることになる．この様子を図 (c) に示す．

このときの pMOSFET で消費されるエネルギーは電流と電圧の積を時間で積分することによって得られ

$$\int_{T_2}^{T_3} i(t)V_{out}(t)dt = \int_0^{V_{DD}} C_L V_{out} dV_{out} = \frac{1}{2} C_L {V_{DD}}^2 \tag{7.5}$$

となる．ここで，pMOSFET を流れる電流 $i(t)$ は容量 C_L を充電する電流であり，$C_L(dV_{out}/dt)$ と書けることを利用して置換積分を行った．出力 V_{out} は LOW から HIGH に変化する過程で，容量 C_L に蓄えられる静電エネルギーも

$$\int_0^{C_L V_{DD}} V(Q)dQ = \int_0^{C_L V_{DD}} \frac{Q}{C_L} dQ = \frac{1}{2} C_L {V_{DD}}^2 \tag{7.6}$$

だけ増加することに注意する．したがってこの過程で外部電源 V_{DD} がした仕事はこれらの合計，すなわち $C_L {V_{DD}}^2$ である．出力が LOW から HIGH に変化するときに pMOSFET で，HIGH から LOW に変化するときに nMOSFET で，それぞれジュール熱として消費され，これらを加えるとそれに等しいことがわかった．

電力は単位時間あたりに消費されるエネルギーであるから，上記の過程が T_1 から T_3 まで，すなわち入力変化の 1 周期分で起こったことに着目する必要がある．入力変化が定期的に繰り返されるとして，その周期を T とする．1 秒間には $1/T$ 回繰り返されるわけだから，求める**消費電力** P は

$$\boxed{P = (1/T) C_L {V_{DD}}^2 = f C_L {V_{DD}}^2} \tag{7.7}$$

と表すことができる．右辺では入力周波数を $f = 1/T$ とした．これは極めて重要な式である．それは，この式がインバータだけでなくすべての CMOS 論理回路にほぼ当てはまり，今日広く用いられている集積回路の大部分が CMOS 論理回路で構成されているためである．更

に，製造技術と回路設計技術の進歩により，集積回路を構成するトランジスタ数が飛躍的に増大したため，消費電力が深刻な問題として浮上したことによる．

この式によれば，消費電力を抑止するためには，周波数を下げること（より正確にいえば，出力の HIGH/LOW 変化の頻度を抑えること），C_L を小さくすること，電源電圧を低くすること，の 3 点が有効であることがわかる．特に電源電圧は 2 乗で効くので効果が大きい．そのため，近年の集積回路の電源電圧は 10 V から 5 V，3.3 V と低下し，最新技術では 1 V を切ろうとしている．また，**並列処理**，あるいは**パイプライン**的な処理により，同じタスクを実行するときの回路の動作周波数を低くすることができる．C_L を小さくすることは素子の微細化により達成できる．スケール則と呼ばれるもので，これについては 7.4 節で説明する．

先に，入力電圧が一定である限り，CMOS では電源線からグランド線への電流経路がなく，静的な消費電力が零であることを説明した．しかし，近年の極微細 CMOS 回路では必ずしもこれが当てはまらない．**リーク電流**の経路は主に三つある．

第 1 は MOSFET が OFF のときにもソース－ドレイン間を流れるサブスレッシュホールド電流である．第 2 は，ソース及びドレインと基板間の pn 接合の逆方向電流である．第 3 はゲート絶縁膜が薄くなったことに起因するチャネル－ゲート間のトンネル電流である．これらはいずれも個々の MOSFET で見れば僅かであるが，多数の MOSFET を集積化した場合には無視できなくなる．

このうちサブスレッシュホールド電流は電源電圧の低下とともに顕著になることが知られている．**サブスレッシュホールド電流**とはしきい値電圧以下でも MOSFET に流れる微小電流のことで，MOSFET が基本的には npn または pnp 構造をしており，ゲート電圧により中間の p 領域または n 領域の電位を制御することでドレイン電流を制御していることに起因する．すなわちしきい値近傍及びそれ以下のゲート電圧では，MOSFET は 6 章で述べたバイポーラ接合トランジスタ（BJT）と似た動作をしていて，ドレイン電流がゲート－ソース間の電圧に指数関数的に依存する．この傾きが温度で決まる一定の値であるため，このリーク電流を抑止するには低温にするしかなく，これはあまり現実的ではないため，低消費電力化を図る上でこのサブスレッシュホールド電流が原理的な限界を与えている．解説策としては必要に応じてしきい値の高い MOSFET を用いることが検討されている．

7.2.2 インバータの寄生容量

先に進む前に CMOS インバータ回路の寄生容量について説明する．**寄生容量**は回路に明示的には示されないが，シリコン基板上に MOSFET を作り込むときの物理的な構造に由来する．p 型 Si 基板を用いて作製した CMOS インバータの断面図を図 **7.6** に示す．図 5.3 で

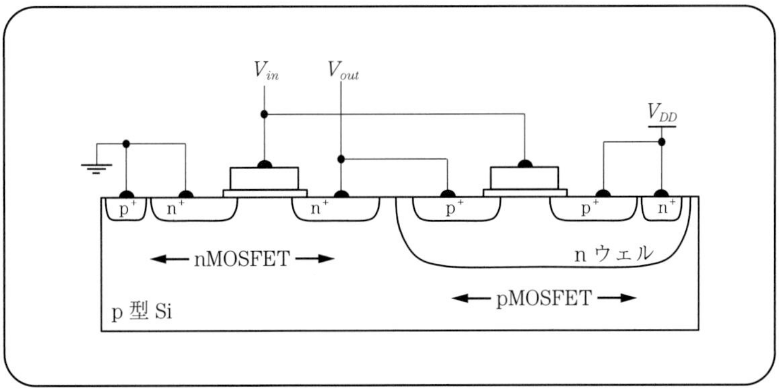

図 7.6 p 型 Si 基板上に作製した CMOS インバータの断面図

説明したように，nMOSFET は p 型シリコン基板上に作ることができるが，pMOSFET は図 5.4 で示したように n 型基板が必要である．そのため，この図に示したように p 型基板の一部に **n ウェル**（井戸）と呼ばれる部分を作り，この部分に pMOSFET を作製する．また，p 型基板は 0 V，n ウェルは V_{DD} に接続する．これが nMOSFET，pMOSFET のそれぞれのボディ端子をソース端子に接続していることに対応する．

n チャネル，p チャネル，それぞれの MOSFET の寄生容量については図 5.21 で説明したので，それらと図 7.6 を見比べることで，インバータ回路が含む寄生容量について**図 7.7** のように考えることができる．

まず，CMOS インバータの出力端子には nMOSFET と pMOSFET のドレインが接続されているため，それぞれのドレイン－基板間容量 ${C_{DB}}^N$ と ${C_{DB}}^P$ が C_L に含まれる．次に考慮しなければならないのは，今考えている CMOS インバータの出力に接続されるであろう

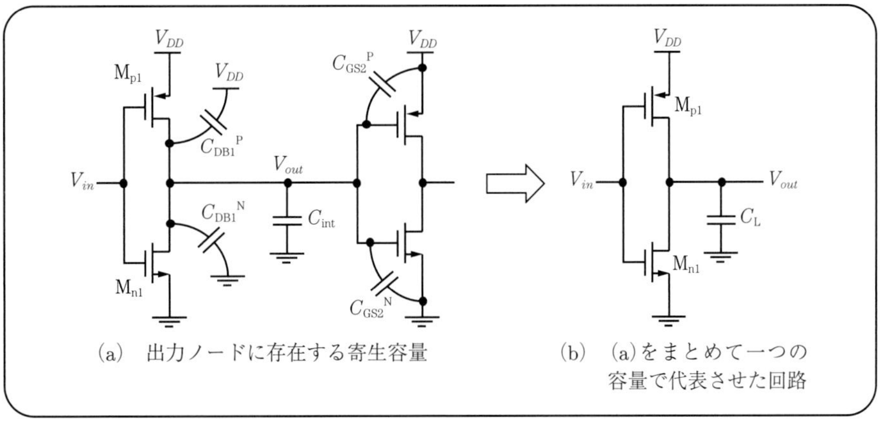

図 7.7 CMOS インバータの寄生容量

第2の CMOS 論理回路である．集積回路では多くの論理回路が互いに接続され利用されるから，これは必ず考えなければならない．今は簡単化のためそれが CMOS インバータであると考える．つまり CMOS インバータの出力が第2の CMOS インバータの入力に接続されている状態を考える．もし出力端子の電圧が LOW から HIGH に変化する途中を考えると，第2のインバータの nMOSFET が ON になる．この過程で nMOSFET のゲート直下に電子がたまり，チャネルが形成されるためには，ゲートに正電荷を供給する必要があるが，これはまさにゲート絶縁膜を介して対峙するゲート電極とチャネルから構成される平行平板容量に充電する過程である，と考えることができる．すなわちチャネル容量 C_{ch} を考慮に入れる必要がある．最後に，第2のインバータとの接続に用いる配線に付随する容量を考慮に入れる必要がある．配線は金属薄膜でできているが，これとシリコン基板が平行平板容量を構成するためである．これを C_{int} と書くことにする．

以上をまとめると，インバータで考慮すべき負荷容量は

$$C_L = {C_{ds}}^N + {C_{ds}}^P + C_{ch} + C_{int} \tag{7.8}$$

と書き表すことができる．

7.2.3 動作速度の評価

CMOS インバータの入力が変化したとき，それが出力に反映されるまでの時間遅れについて考察する．これは回路の動作速度を求めることであり，高速動作を実現するための素子構造を設計するときの指針となる．7.2.1 項で説明した消費電力と並び，回路性能を表す重要な指標である．

まず，時刻 $t = T_1$ で入力 V_{in} がステップ関数的に LOW（0 V）から HIGH（V_{DD}）に変化したときを考える．このとき，図 **7.8** (a) に示したように，nMOSFET が ON 状態になり，容量 C_L に蓄積されていた電荷が nMOSFET を通してグランドに流れ，出力電圧 V_{out} が LOW（0 V）になる．

図 (b) には nMOSFET ドレイン電流 ${I_D}^N(t)$ の出力電圧 V_{out} 依存性を示す．出力電圧は nMOSFET ドレイン－ソース間電圧 ${V_{DS}}^N$ に等しいから，この特性は図 5.14 (b) で示した nMOSFET の出力特性と一致している．入力 V_{in} がステップ関数的に LOW（0 V）から HIGH（V_{DD}）に変化した直後は出力電圧が HIGH（V_{DD}）なので，nMOSFET は点 (A) の状態にある．その後，容量 C_L の放電に伴い，出力電圧が低下するために，nMOSFET の状態は (B)→(C)→(D) と移動する．

図 (c) 及び図 (d) は，それぞれ，出力電圧 V_{out} 及び nMOSFET ドレイン電流 ${I_D}^N(t)$ の

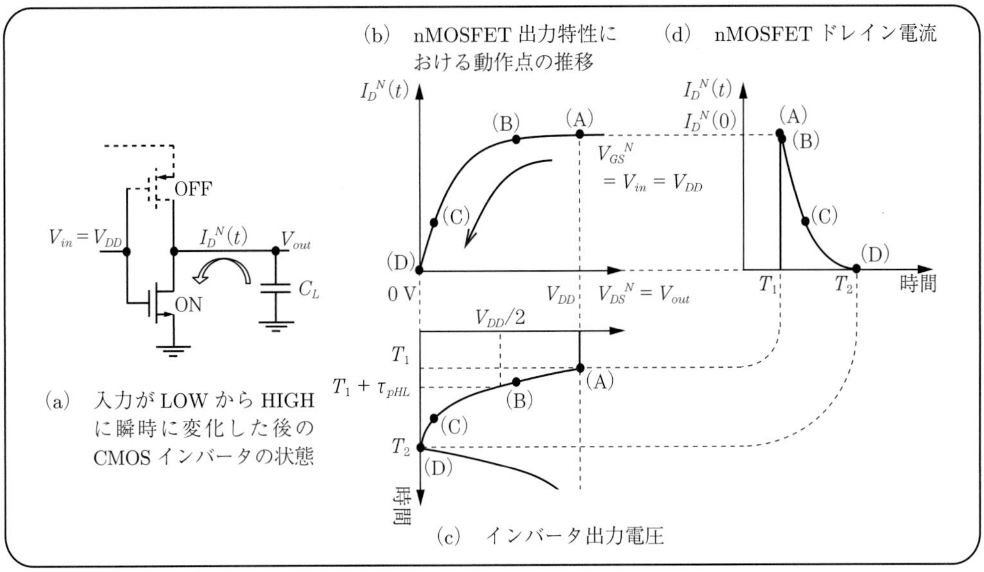

図 7.8 CMOSインバータの立ち下がり遅延

時間変化を描いたものである．今，V_{out} がHIGH（V_{DD}）から $V_{DD}/2$ まで変化するのに要する時間を τ_{pHL} と定義する．これは**立ち下がり遅延時間**と呼ばれる．時刻 $t=T_1$ における C_L の電荷を Q_L とすると

$$I_D{}^N(t) = -\frac{dQ_L}{dt} = -C_L\frac{dV_{out}}{dt}$$

であるから

$$\tau_{pHL} = -C_L\int_{V_{DD}}^{V_{DD}/2}\frac{dV_{DS}{}^N}{I_D{}^N(t)} \tag{7.9}$$

と書き表すことができる．負号は電荷の減少により電流 $I_D{}^N(t)$ が流れるために付けた．

まず簡単化のため負荷容量を充電するための電流が一定であると仮定すると上式は

$$\tau_{pHL} = -\frac{C_L}{I}\int_{V_{DD}}^{V_{DD}/2} dV_{DS}{}^N = \frac{C_L V_{DD}}{2I} \tag{7.10}$$

と変形できる．したがって

$$\tau_{pHL} \times IV_{DD} = \frac{C_L V_{DD}{}^2}{2} \tag{7.11}$$

が成立することがわかる．この式の左辺は**遅延時間**と消費電力の積であり，右辺は放電に伴い失われた静電エネルギーである．今，インバータの物理的な構造を決めると，C_L は一定になる．このとき，電源電圧 V_{DD} 一定の条件下では，遅延時間と消費電力は互いに反比例の関係にあることがわかる．すなわち，もし右辺が一定なら，回路の高速化と低消費電力化は両立しない，という，CMOS 論理回路の重要な性質がわかった[†]．右辺を小さくするには素子の微細化が有効で，これに関しては 7.4 節で説明する．また，先にインバータの消費電力を式 (7.7) として求めたが，この式で $f = 2\tau_{pHL}$ 及び $P = IV_{DD}$ とすると式 (7.11) に一致することを指摘しておく．

実際には図 (d) に示したように，C_L の放電に伴い出力電圧が減少し，${I_D}^N(t)$ も減少する．nMOSFET の動作領域が飽和領域から線形領域へと変化し，これに伴い，ドレイン電流を表す式も変わるので，${I_D}^N(t)$ の ${V_{DS}}^N$（$= V_{out}$）依存性を考慮した計算が必要である．そのためには nMOSFET の動作領域を吟味する必要がある．式 (5.15) 及び式 (5.19) で得られたように，飽和状態と線形状態で ${I_D}^N(t)$ の式が異なるためである．点 (A) では

$${V_{DS}}^N = V_{DD} > V_{DD} - {V_T}^N = {V_{GS}}^N - {V_T}^N \tag{7.12}$$

が成り立つから，nMOSFET は飽和状態である．一方，$V_{out} = V_{DD}/2$ では

$${V_{DS}}^N = V_{DD}/2 < V_{DD} - {V_T}^N = {V_{GS}}^N - {V_T}^N \tag{7.13}$$

が成り立つ．nMOSFET のしきい値 ${V_T}^N$ は通常 $0 < {V_T}^N < V_{DD}/2$ を満足するように選ぶのが普通であることによる．これは，入力電圧 V_{in} が LOW から HIGH に変化する中間，すなわち $V_{DD}/2$，では nMOSFET が ON 状態になっているために必要な条件である．すなわち，nMOSFET は線形状態にある．

これらの状態に分けて式 (7.9) の積分を実行すると

$$\tau_{pHL} = \frac{C_L}{k_n(V_{DD} - {V_T}^N)}\left[\frac{2{V_T}^N}{V_{DD} - {V_T}^N} + \ln\left\{\frac{4(V_{DD} - {V_T}^N)}{V_{DD}} - 1\right\}\right] \tag{7.14}$$

が得られる．ここに

$$k_n = \mu_e C_{ox}\left(\frac{W}{L}\right)_N \tag{7.15}$$

である．

次に，時刻 $t = T_2$ で入力 V_{in} がステップ関数的に HIGH（V_{DD}）から LOW（0 V）に変化したときを考える．このとき，**図 7.9** (a) に示したように，pMOSFET が ON 状態になり，容量 C_L を充電する．

図 (b)～(d) にはこのときの電圧，電流の変化の様子を示す．pMOSFET の状態は (E)→(F)→(G)→(H) の順に変化する．出力電圧 V_{out} が LOW（0 V）から $V_{DD}/2$ まで変化するのに要する時間を τ_{pLH} と定義する．これは**立ち上がり遅延時間**と呼ばれる．

τ_{pHL} と同様にしてこれを求めると

† 今はインバータを対象として導出したが，一般に CMOS 論理回路でも成り立つ関係である．

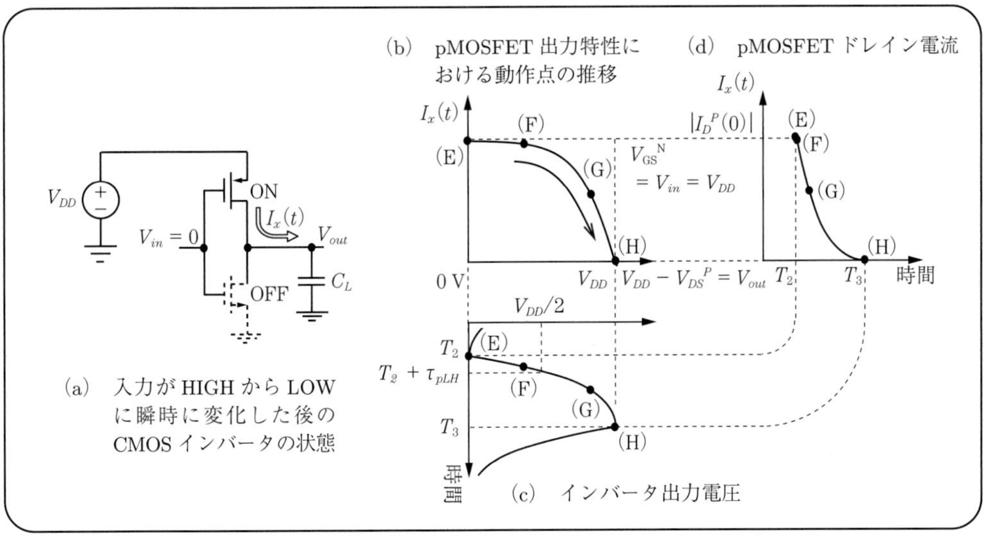

図 7.9　CMOS インバータの立ち上がり遅延

$$\tau_{pLH} = \frac{C_L}{k_p(V_{DD} - |V_T{}^P|)} \left[\frac{2|V_T{}^P|}{V_{DD} - |V_T{}^P|} + \ln \left\{ \frac{4(V_{DD} - |V_T{}^P|)}{V_{DD}} - 1 \right\} \right] \tag{7.16}$$

が得られる．ここに

$$k_p = \mu_h C_{ox} \left(\frac{W}{L} \right)_P \tag{7.17}$$

である．

これらの式から CMOS 論理回路を高速化する上での指針が得られる．まず，電源電圧 V_{DD} は分母にあるから高い方がよい．また，寄生容量成分 C_L は小さい方がよい．$k_{n,p}$ の中身を見てみると，キャリヤの移動度 $\mu_{e,h}$ は大きい方がよい．同じシリコンでも，特定の条件で歪みを加えると移動度が高くなることが知られており，最先端の集積回路ではこの技術が採用されている．チャネル部分を移動度の高い材料に変えることが究極的な高速化につながるものと考えられ，化合物半導体やゲルマニウムをチャネルに用いた MOSFET の検討も進んでいるが，製造工程上の課題が多い．チャネル長 L を短くするもの高速化に有効である．近年，素子微細化が急速に進んできた一つの理由である．

7.3 論理回路の構成

7.3.1 NOR回路とNAND回路

インバータを構成した考え方を応用すれば，複雑な論理機能を持つ回路を構成できる．

NOR（OR の否定）回路を図 **7.10**(a) に示す．A，B ともに LOW だったとすると，nMOSFET が OFF，pMOSFET が ON になり，出力は V_{DD} とつながり，HIGH となる．これに対して，A，B のうち少なくとも一つが HIGH だったとすると，nMOSFET のうち少なくとも一つが ON，pMOSFET のうち少なくとも一つが OFF になり，出力はグランドとつながり，LOW となる．すなわち表 2.1 に示したような NOR の機能が実現されていることがわかる．どのような入力の組み合わせに対しても，電源 V_{DD} からグランドまでの電流経路に含まれる nMOSFET または pMOSFET の少なくとも一つが OFF になっていて，V_{DD} からグランドに流れる電流がないことに気付く必要がある．すなわち，インバータで指摘したように定常的な消費電力が零であることがここでも当てはまることがわかる．

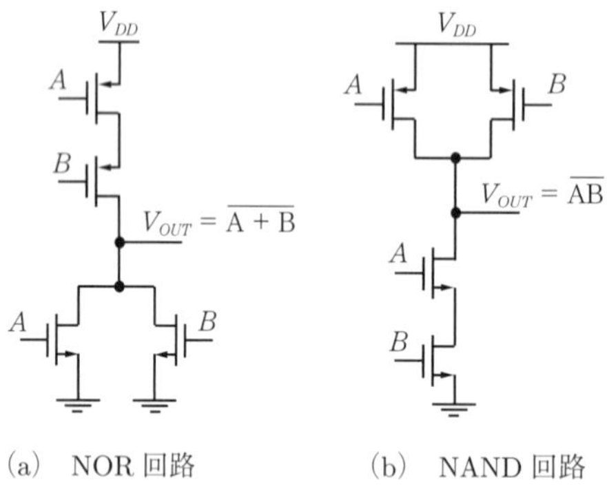

図 7.10　CMOS 論理回路の例

次に，図 (b) に示す **NAND**（AND の否定）回路について見てみよう．A，B ともに HIGH だったとすると，nMOSFET が ON，pMOSFET が OFF になり，出力はグランドとつながり LOW となる．これに対して，A，B のうち少なくとも一つが LOW だったとすると，nMOSFET のうち少なくとも一つが OFF，pMOSFET のうち少なくとも一つが ON になり，出力は V_{DD} とつながり HIGH となる．すなわち，出力が二つの入力の NAND になっていることがわかる．定常的な消費電力が零であることはNOR回路と同じである．

以上の例からわかるように，入力がHIGHならnMOSFETがONになり，出力端子がグランドとつながり，出力がLOWになる可能性が高い．一方，入力がLOWならpMOSFETがONになり，出力端子がV_{DD}とつながり，出力がHIGHになる可能性が高い．つまり，CMOS論理回路は本質的に否定論理が実現されていることに注意する必要がある．ANDやOR回路を作るには，NANDまたはNOR回路とNOT回路を組み合わせる必要があり，トランジスタ数が増える．その結果，回路面積が増加し，消費電力も増える．したがって，CMOS論理回路ではANDやOR回路よりNANDやNOR回路を用いて論理関数を実現するのが一般的である．任意の論理関数はNANDまたはNORで表すことができることが知られており，ディジタル回路を構成する上で，CMOS論理回路を用いることが極めて有用であることが理解できると思う．

7.3.2 複合ゲートと多段ゲート

これまでに述べたCMOS論理回路は，出力端子とV_{DD}，及び出力端子とグランドとの間にある回路ブロックのいずれかが入力値に依存して接続状態，他方が絶縁状態となり，その結果，出力がV_{DD}またはグランドのいずれかと接続され，HIGHまたはLOWが出力される．出力端子とV_{DD}の間にある回路ブロックを**プルアップネットワーク**（pull-up network, **PUN**），出力端子とグランドの間にある回路ブロックを**プルダウンネットワーク**（pull-down network, **PDN**）と呼ぶ．この様子を**図7.11**に示す．

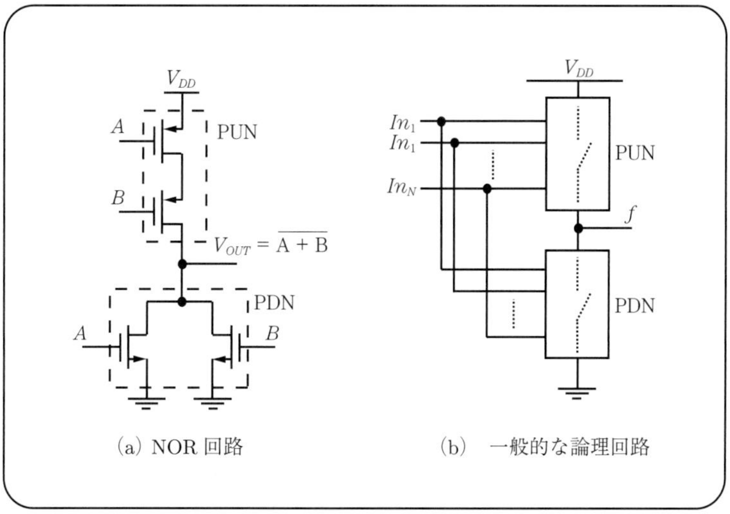

図7.11 プルアップネットワーク（**PUN**）と
プルダウンネットワーク（**PDN**）

一般に，PUN は pMOSFET で構成され，PDN は nMOSFET で構成される．その理由を以下に述べる．CMOS インバータや NAND，NOR 回路の例に見るとおり，nMOSFET のソースは常にグランド側にあり，pMOSFET のソースは常に V_{DD} 側にある．一方，5 章で説明したように，MOSFET の電流はゲート－ソース間の電圧 V_{GS} で決まる．入力はゲートに印加されるから，それぞれの FET のソースが常に一定の電圧であるグランドまたは V_{DD} に接続されていれば，FET に流れる電流は入力によって一意的に決まる．これがその理由である．もし PUN に nMOSFET が含まれていたとすると，そのソースが出力に接続されることになる．出力値は入力の組み合わせにより変化するから，その nMOSFET のドレイン電流もゲートに加えられた入力だけでは決まらないことになり，正常な論理動作を保証することができなくなる．

より複雑な論理関数を実現するための CMOS 論理回路を構成する方法を紹介する．例として $f = AB + \bar{C}$ を考える．この論理関数は，**図 7.12** (a) に示すとおり AND と OR 回路を使って実現できる．CMOS 論理回路では NAND または NOR で回路を構成する方が回路が簡素化できることを述べたが，今の場合には図 (c) で示すように NAND だけでもこの関数を実現できる．このように 1 つの論理回路の出力を，更に次に続く論理回路の入力として用いて，回路を次々につなげたものを**多段ゲート**と呼ぶ．図 (b) は 4 段ゲート，図 (d) は 2 段ゲートである．

NAND と NOR のどちらを用いるのがよいかは回路形式に依存するが，もしこれまで説明したように PUN と PDN をそれぞれ pMOS と nMOS で実現する場合には NAND が適し

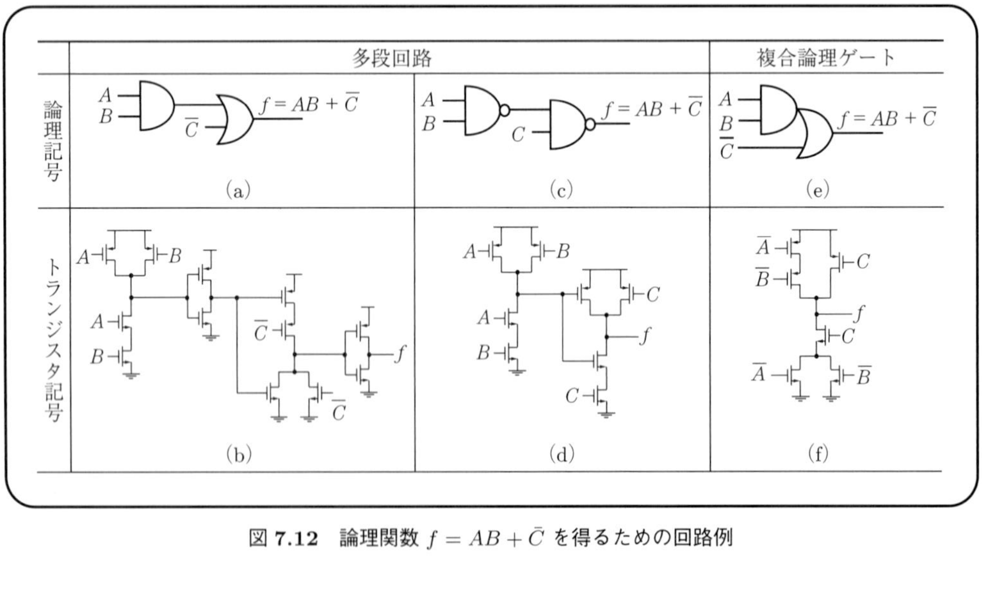

図 7.12　論理関数 $f = AB + \bar{C}$ を得るための回路例

ている．その理由は，ホールの移動度が電子のそれと比較して低いことに起因しており，それを補うためにpMOSFETではゲート幅をnMOSFETと比較して通常2～3倍程度広くする必要があるためである．更に，NORゲートではpMOSFETを直列に接続する必要があり，その抵抗を並列接続のnMOSFETと合わせるためには，更に幅を2倍にする必要がある．このためNANDと比較して，ゲート面積が大きくなるからである．

更に**複合ゲート**という手法が知られているHIGHの出力を得るためにはPUNをON状態にする必要があり，このために必要な入力をLOWにする必要がある．このことから，以下の方法で回路を構成すればよいことに気づく．(1) 論理関数ANDは直列，ORを並列とし，演算順序に対応してpMOSFETを接続し，PUNを構成する．入力は元々の入力変数の否定をとる．(2) PUNの直列，並列の関係を逆にしてnMOSFETを接続し，PDNとする．入力は否定のままとする．このようにして構成した論理回路を図 (f) に示す．この回路で所望の論理関数が実現されることを各自で確認して欲しい．

図 (e) で示した複合ゲートと，図 (c) で示した多段ゲートを比較してみよう．一般にゲート遅延時間はゲート数に比例すると考えられるので，複合ゲートの方が高速動作に適しているといえる．その反面，入力数が多くなるにつれて V_{DD} からグランド間の電流経路を構成するMOSFETの数が増えるため，低電圧動作には向いていない．また，複合ゲートは論理機能が異なるとその都度構成し直さなければならず，自動設計にも不向きである．したがって適材適所で選べばよいが，通常のディジタル回路設計は自動化されていて，事前に用意されている基本的な複合ゲートの他は多段ゲートを用いる場合が多い．

7.3.3 レシオド回路とダイナミック回路

これまでに説明した論理回路ではPUNとPDNが同じ論理機能を持っていた．定常状態では必ずどちらかが開放状態になっているため，スタティックな消費電力はないが，N 入力回路では $2N$ 個のMOSFETが必要であった．これに対して，PUNかPDNのどちらか（通常はnMOSFETで構成されるPDN）をそのまま残して他方を一つの負荷素子で置き換えた回路があり，**レシオド回路**として知られている．その例を**図 7.13** に示す．素子数が $N+1$ 個で済むため回路の小型化が可能となる．その反面，負荷素子の電流を0にすることはできないので，スタティックな消費電力が零ではなくなる．図 7.2 (a) で示したインバータもレシオド回路に属する．多入力で小面積化が必要な場合に利用される．図 7.13 で示した回路では，出力がLOWのとき出力電圧が0 Vにはならず，PDNと負荷素子の抵抗比で電源電圧を分圧した値になるためレシオド（ratioed）と呼ばれる．

レシオド回路に似た回路構成で，スタティック消費電力を零にできる回路が**図 7.14** (a)

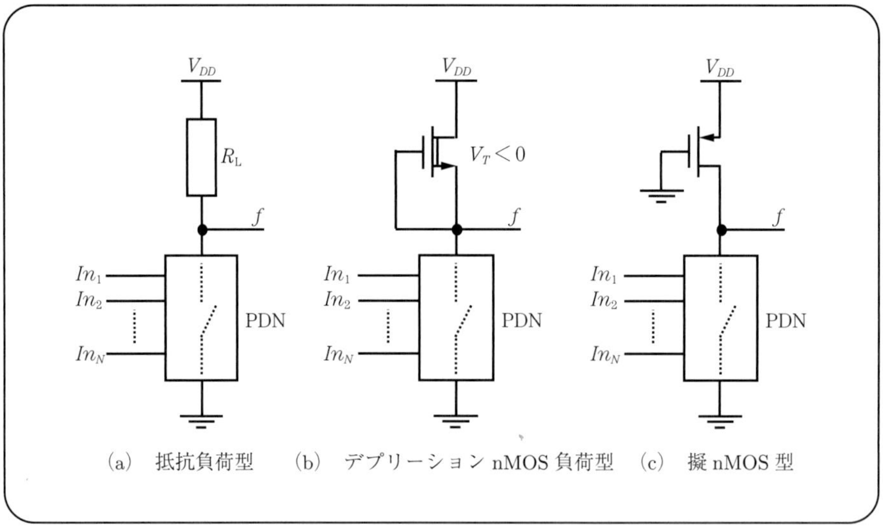

図 7.13　レシオド回路の例

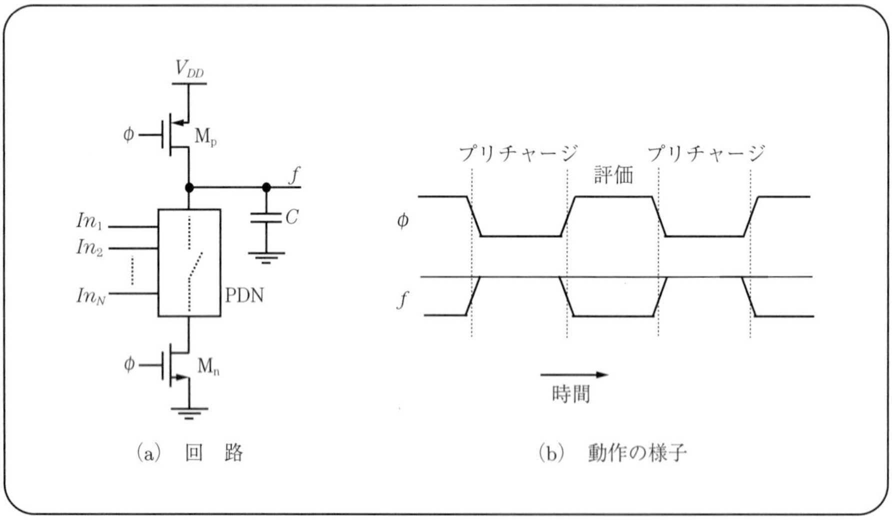

図 7.14　ダイナミック回路

に示す**ダイナミック回路**である．この回路では PDN の上下にスイッチとして機能する pMOSFET と nMOSFET を接続し，クロック信号 ϕ で駆動する．図 (b) に示すように，ϕ が LOW だと pMOSFET が ON になり，出力 f が V_{DD} とつながって HIGH となる．この状態をプリチャージフェーズと呼ぶ．ϕ が HIGH になると nMOSFET が ON になり，もし PDN が閉じていれば f は LOW になるが，PDN が開いていると f は HIGH（V_{DD}）を保持する．この状態を評価フェーズと呼び，有効な値が出力される．この回路では出力端子の寄生容量を積極的に利用し，プリチャージでそれを充電し，PDN でそれを放電するかでしないかで出力を決定する．

レシオド回路の小面積化を維持したままで，消費電力の削減を実現している．ただし，HIGHの出力が容量に充電された電荷で維持されるので，何らかの原因で放電してしまうと，評価フェーズではそれを回復させることができず，誤動作となってしまう．これを救済するためのドミノ回路などが提案されているが，興味ある読者は他の文献を参照して欲しい．

7.3.4 パスゲート

最後に**パスゲート**について説明する．**図 7.15** (a) に示すように pMOSFET と nMOSFET を組み合わせた回路で，それぞれのゲートに入力 C 及び $\bar{C}$ を接続する．C が LOW なら $\bar{C}$ は HIGH であるから，両方の MOSFET が ON 状態になり，A と B がつながった状態になる．パスゲートが閉じた（短絡）状態である．一方，C が HIGH なら $\bar{C}$ は LOW であり，両方の MOSFET が OFF 状態になり，パスゲートは開いた（開放）状態になる．このように，C によりパスゲートの開閉が可能になる．図 (b) はパスゲートの回路記号である．

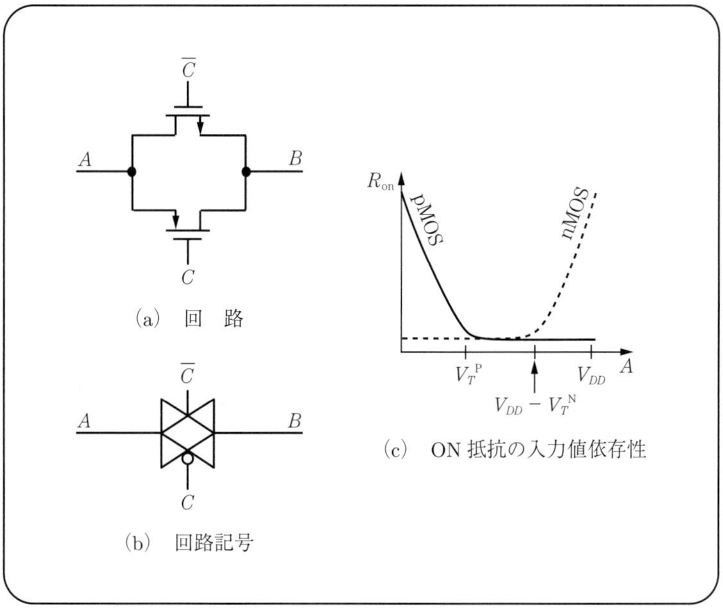

図 7.15 パスゲート

どちらか一方の MOSFET だけでも同様の動作が得られるように思うかもしれないが，そうでないことを図 (c) で説明する．この図は，A の値を B に伝える場合を想定したときの，それぞれの MOSFET の ON 状態の抵抗（ON 抵抗 R_{on}）を A の関数として示している．式 (5.17) によれば，nMOSFET の ON 抵抗は $V_{GS} \gg V_T{}^N$ であれば小さいが $V_{GS} \cong V_T{}^N$ では極めて大きくなることがわかる．$V_{GS} < V_T{}^N$ では MOSFET が OFF になり，信号が伝わらない．このことを踏まえて，$\bar{C}$ を HIGH として，A が 0 V から徐々に大きくなるときの nMOSFET の状態を考える．初めのうちは B も A に追従して増加するが，A が $V_{DD} - V_T{}^N$ に近づくと nMOSFET が ON 状態から OFF 状態に近づき，ON 抵抗が急激に増加する．A が $V_{DD} - V_T{}^N$ を超えると nMOSFET が OFF 状態になり，B は $V_{DD} - V_T{}^N$ 以上増加しなくなる．逆のことが pMOSFET で起きる．すなわち，LOW の信号を伝えるためには nMOSFET が，HIGH の信号を伝えるためには pMOSFET が必要なことがわかる．LOW から HIGH の間で任意の値で変化する信号をそのまま伝えるには両方が必要，ということになる．

パスゲートの応用例を図 **7.16** に示す．このゲートは，図 (a) で示した**排他的論理和**（**XOR**）を実現するための回路である．パスゲートを用いると図 (b) で示すように 6 個の MOSFET で実現できる．これに対して，図 (c) に示す複合ゲートと A と B に対する 2 個のインバータで XOR 回路を構成するとその倍の 12 個の MOSFET が必要になる．それぞれの回路動作を確認することは読者への演習問題として残しておくことにする．

A	B	f
0	0	0
0	1	1
1	0	1
1	1	0

(a)　XOR の真理値表

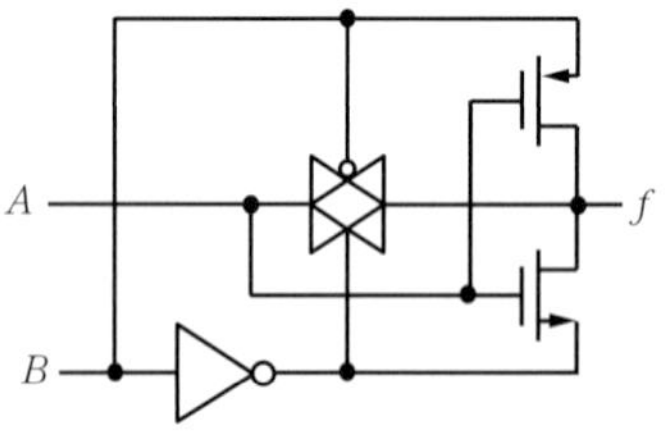

(b)　パスゲートを用いた XOR 回路

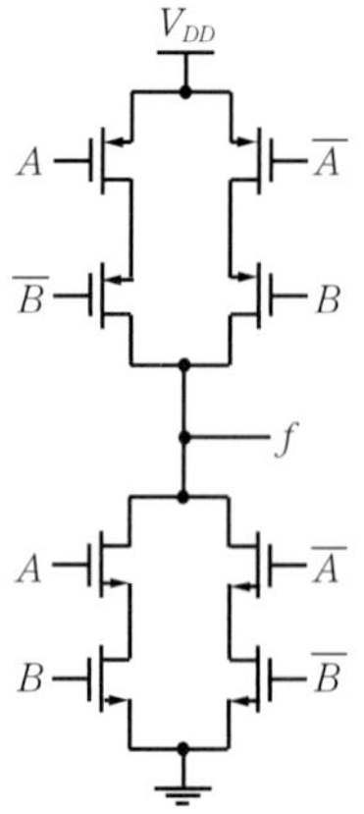

(c)　CMOS 複合ゲートで実現した XOR 回路

図 **7.16**　パスゲートの応用例

7.4 スケール則

これまでに素子寸法の微細化により，素子や回路性能が改善される例を見てきた．例えば，5.4 節で述べたように，寸法の微細化によりユニティゲイン周波数 f_T が向上する．また，7.2.3 項では，CMOS インバータの高速化が可能であることを示した．ここでは，図 **7.17** のように，素子の各部分をすべて $1/k$（$k>1$）に縮めたときの素子性能，回路性能への影響を考察してみよう．**スケール則**，あるいは，**比例縮小則**と呼ばれているものである．

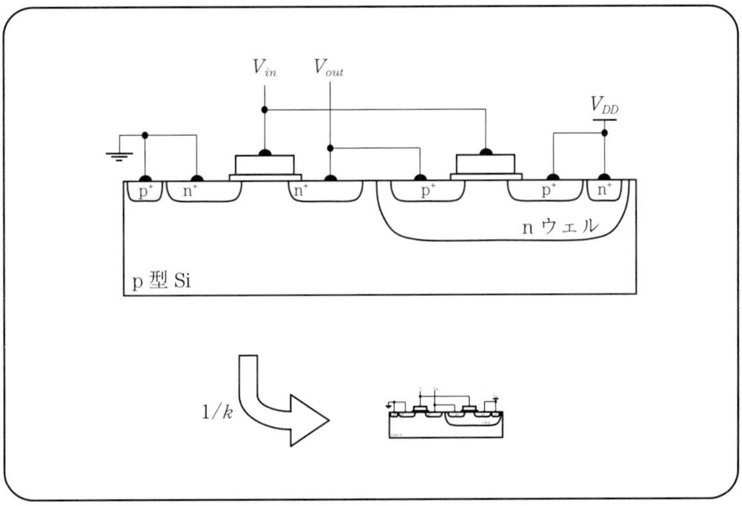

図 7.17　CMOS インバータの比例縮小

電圧を一定にしたままで寸法を縮小すると，素子内部の電界が強くなる．電界が極端に強くなると，絶縁破壊など，通常の素子動作では想定していない現象が起きる可能性がある．そこで，キャリヤの振る舞いを決める電界を一定として，素子寸法を $1/k$ に縮小することを考える．電界は電位差を距離で割った量であるから，電界を一定に保つことは電圧も $1/k$ に低くすることを意味する．このような想定を電界一定スケーリングと呼ぶ．

ドーピング濃度 N_D，N_A については k 倍に高くすることにする．これは，例えば式 (4.4) において，寸法を $1/k$ にして，電界を一定に保つためには必要であることがわかる．容量に関しては，平行平板の容量の式 $\varepsilon S/d$ を思い出せば，寸法を $1/k$ にしたとき，電極面積 S は $1/k^2$ に，電極間の距離 d は $1/k$ になるから，全体で $1/k$ になることがわかる．電流につい

ては式 (5.19) で示した MOSFET の飽和領域のドレイン電流の式

$$I_D = \frac{1}{2}\mu C_{ox}\frac{W}{L}(V_{GS} - V_T)^2 \tag{7.18}$$

を考えてみる．移動度は物質固有の量で変わらないとすれば，C_{ox} が $1/k$，電圧が $1/k$ になるので，この式全体では $1/k$ になることがわかる．遅延時間も同様にして，式 (5.44) あるいは式 (7.14) などで考えると $1/k$ になることがわかる．消費電力は電流と電圧の積であるから $1/k^2$ となることが予想される．これは式 (7.7) を考えても妥当であることがわかる．注意すべきは，これが回路一つあたりの消費電力であることである．素子寸法が $1/k$ になっているので，単位面積あたりに搭載できる素子数は k^2 倍に増加していると考えてよい．回路あたりの素子数は変わらないと仮定すると，回路の数も k^2 倍に増加することになる．すると，単位面積あたりの消費電力は $1/k^2 \times k^2$ で変わらないことになる．以上をまとめて**表 7.1** に示す．

表 7.1　スケール則におけるスケール因子

素子構造/回路性能指標	記号	電界一定	電圧一定
素子サイズ	L, W, t_{ox}	$1/k$	$1/k$
ドーピング濃度	N_D, D_A	k	$1/k$
電界の強さ	V/L	1	k
電圧	V	$1/k$	1
容量	$\varepsilon_{ox}S/t_{ox}$	$1/k$	$1/k$
電流	I	$1/k$	k
遅延時間	CV/I	$1/k$	$1/k^2$
回路あたりの消費電力	IV	$1/k^2$	k
単位面積あたりの消費電力	IV/S	1	k^3

電界一定のスケーリングでは，単位面積あたりの消費電力は変わらずに，動作速度は向上することがわかる．単位面積あたりに搭載できる回路数は増えるから，集積回路全体としては同じ消費電力でより複雑な機能を実現できるという大変好ましい状況になる．もちろん素子の微細化には最先端の製造技術が必要になり，多数の回路を一括して設計することも負担となるが，これらの課題を克服することにより，微細化による集積回路性能の飛躍的向上が図られてきた．その指導原理として働いたのがここで述べたスケール則である．

参考のため電圧一定で比例縮小したときにそれぞれの性能指標がどのように変化するかも表 7.1 に示す．導出は読者の演習問題として残しておく．

談 話 室

リング発振器　図 **7.18** に示すように，奇数個の CMOS インバータをリング上に接続したものを**リング発振器**と呼ぶ．もし初段への入力が HIGH だったとすると，その後の段ごとに LOW，HIGH が伝播し，結局，初段には LOW の信号が戻ってくる．これが更に繰り返されることで，各ノードで HIGH と LOW が周期的に繰り返される発振が持続する．各段の遅延時間を τ，ゲート数を N とすると，その周期は $2\tau N$ で表せる．リング発振器は実際の集積回路に搭載され，論理ゲートの遅延時間を評価するために利用されている．

また，CMOS インバータの遅延時間は電源電圧の増加とともに短くなるから，それとともにリング発振器の周波数も増加する．最近はこの関係を利用して，リング発振器の発振回数をカウンタ回路で読み込むことで，電源電圧のアナログ値をディジタル値に変換するアナログ/ディジタル変換方式が提案されている．微細化とともに遅延時間が短くなるから，時間分解能が向上する．近い将来，この原理を用いた高精度のアナログ/ディジタル変換が開発される可能性もある．

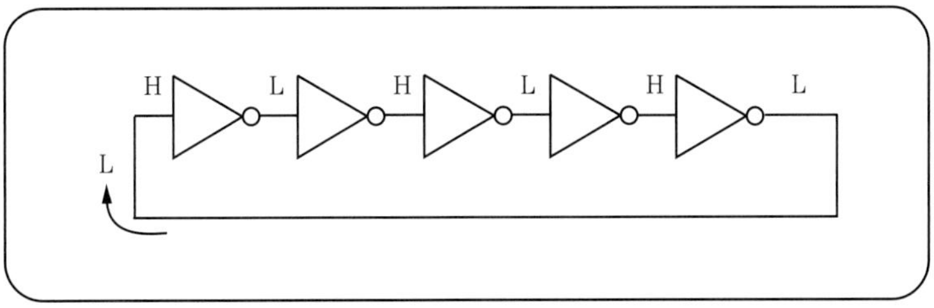

図 **7.18**　奇数個のインバータを接続したリング発振器
（H は HIGH，L は LOW を表わす）

本章のまとめ

現在の大規模集積回路で広く使われているCMOS論理回路について，5章の内容に基づき説明した．

❶ CMOSインバータはpMOSFETとnMOSFETの相補的なスイッチ特性を生かした回路である．スタティックな消費電力が極めて少なく，入出力振幅が等しく，レベル再生機能を持つなど特徴を持つ．

❷ CMOS論理回路では入出力が変化するときに，出力端子の寄生容量の充放電に伴うダイナミックな消費電力が発生する．遅延時間もこの充放電の時間で決まっていて，消費電力とは反比例の関係にある．消費電力は $fC_LV_{DD}{}^2$ と表わすことができる．

❸ 通常のCMOS論理回路はPUNとPDNにそれぞれpMOSFETとnMOSFETを使って構成される．CMOSインバータと同様の特徴を持ち，ほぼ理想的な論理回路として機能する．一方，小面積化，高速化などの特殊な用途のために，ダイナミック回路，パスゲート，レシオド回路などが適材適所で使われる．

❹ 電界を一定に保ちながらCMOS論理回路を比例縮小すると，単位面積あたりの消費電力は一定のまま，高速動作が可能になる．半導体産業の発展の鍵を握るスケール則である．

●理解度の確認●

問 7.1　電源電圧 V_{DD} を減少させたとき，CMOSインバータの消費電力と動作速度はどのように変化するか，

問 7.2　$F = (A + \overline{(B + C)}) \cdot D$ を出力するスタティックCMOS複合論理ゲートの回路図を描け．入力としては $A, B, C, D, \bar{A}, \bar{B}, \bar{C}, \bar{D}$ を必要に応じて用いてよい．

問 7.3　図7.16(b) に示した回路でXORの機能が実現されることを確かめよ．

問 7.4　CMOS論理回路は低消費電力化に適した論理回路といわれている．その理由を簡単に説明せよ．

問 7.5　ダイナミック回路の考え方に基づく3入力NORゲートの回路図を描け．

8 メモリ

本章では，身近な携帯電子機器やパソコンを始め，情報処理/通信システムを構成する上で，論理回路と並んで重要な役割を果たしているメモリ（記憶回路）について説明する．メモリには多くの種類があるが，ここで説明するのは，これまでに述べてきたトランジスタや論理回路を組み合わせて構成した半導体メモリと呼ばれるものである．まず，その基本構成と分類について説明した後に，代表的な半導体メモリについて説明する．

8.1 メモリの基本構成

メモリ（記憶回路）は，情報を記憶する多数の**メモリセル**と外部とのインターフェースとして機能する**周辺回路**から構成される．周辺回路は中央処理ユニット（CPU）から信号を受け取り，それを解読して必要な記憶内容をメモリセルから読み出し，CPU に送る．あるいは，CPU から送られてきた情報を決められた場所（**アドレス**）に書き込む．メモリセルの数により記憶できる総ビット数が決まる．それを**メモリ容量**と呼ぶ．

メモリの基本構成を**図 8.1** に示す．メモリセルは通常 1 ビットの情報を記憶する．この図は N ビットからなるワードを M 個記憶するメモリを示している．通常，ワードは複数のビットからなり，情報を記憶するための一つの単位として用いられる．メモリセルをつないでいる縦横の配線をそれぞれ**ビット線**，**ワード線**と呼ぶ．それぞれのワードの内容を記憶する場所にはアドレス（番地）が付与されていて，特定のワードの指定に用いられる．外部から受け取ったアドレス指定用のデータから特定のワードを選択するために，ワード線に供給する

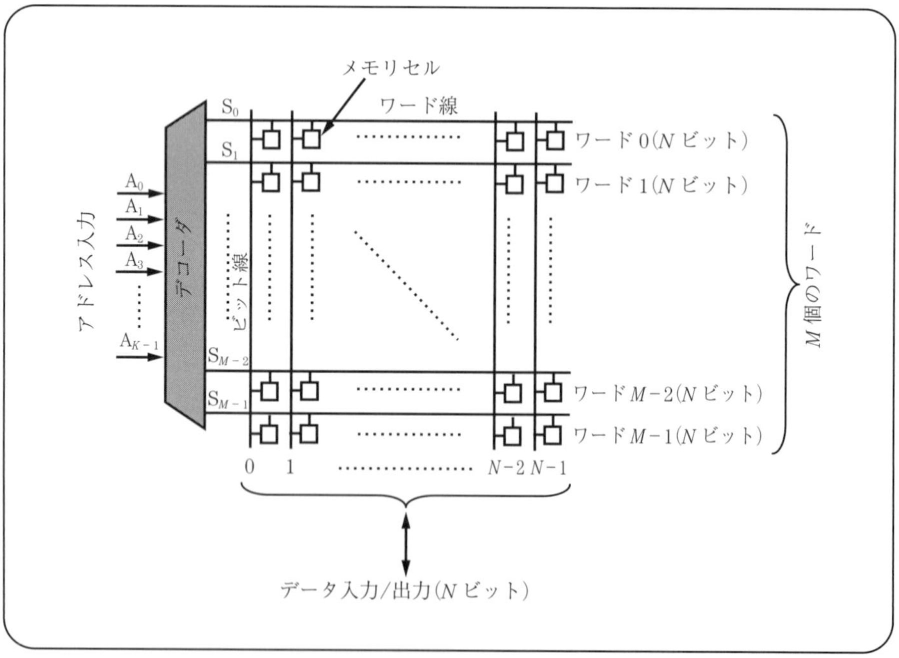

図 8.1　一般的なメモリの構成

信号を発生させる回路を**デコーダ**と呼ぶ．デコーダは重要な周辺回路の一つである．ビット線は各ワードのそれぞれのビットの読出しや書込みに使用する．特定のワードを指定し，その内容を読み出したり書き込んだりする一連の動作は**アクセス**と呼ばれている．ビット線は異なるワードで共有されているが，ワード線と組み合わせて使用することで，異なるワードの情報を区別することができる．

ワードの総数は通常 $M = 2^m$ 個のように選ばれる．外部から m ビットのデータを与えることで過不足なくワードを特定できるためである．例えば，8 ビットからなるワード 256 個を記憶するためには，8×256 個のメモリセルが必要になる．また，256 個のワードを特定するためには 8 ビット（$256 = 2^8$）のアドレス指定用データが必要である．デコーダは 8 ビットのデータを受け取り，256 通りの信号を生成してワード線に供給する．ビット線は 8 本必要になる†．

メモリセルの形態により多くの種類のメモリが開発されてきた．**図 8.2** に代表的なものを示す．以下ではこれらについて順に説明する．

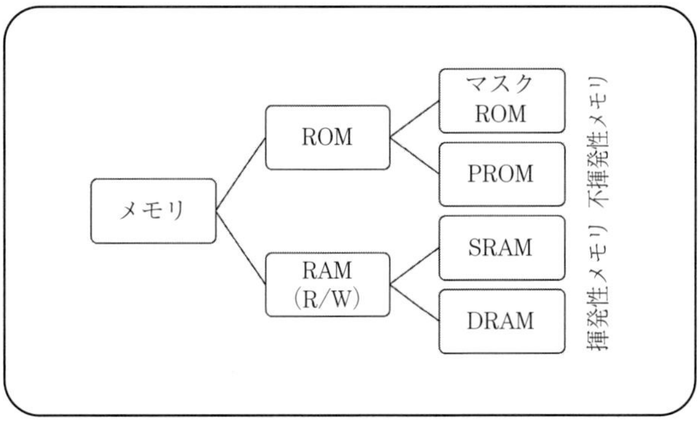

図 8.2　メモリの種類

8.2 ROM

8.2.1 マスク ROM

記憶内容の読出し動作に特化したメモリのことを**読取り専用メモリ**（read only memory, **ROM**，ロム）と呼び，NOR 型と NAND 型が知られている．特に，メモリの製造過程で記憶

† 近年用いられている大記憶容量メモリでは上記の行デコーダとともに列デコーダを用いてメモリセルを正方形に近い状態に配置する．

内容が決まってしまい，ユーザがその内容を全く変更できない ROM のことを**マスク ROM** と呼ぶ．マスクとは，予め決められた回路パターンを半導体基板上に転写する工程で用いられるが，以下で説明するとおり，そのパターンにより記憶内容が決まってしまうため，こう呼ばれている．

〔1〕 **NOR 型 ROM**　**図 8.3** には NOR 回路を組み合わせて構成した **NOR 型 ROM** の例を示す．図 8.1 と比較してみるとわかるとおり，メモリセルに相当する部分には 1 個の nMOSFET がある場合と何もない場合とがある．この図の例では，4 ビットからなる 4 ワードが記憶できる．各ワードを指定するために A から D までの 4 本のワード線を用い，更に，ビット線 f_3，f_2，f_1，f_0 を用いることで，それぞれのワードを読み出したときのビット情報が得られる．この ROM は図 7.10 で示した NOR 回路を組み合わせることで構成されている．例えばビット線 f_3 に対応する縦の列に着目すると，この部分は A，B，C を入力とする NOR 回路と同じである．メモリでは小面積化が最優先課題である．そこで，ここでは図 7.13 (a) のレシオド回路を使用していることに注意する．他のビット線でも同様のことがいえるため，NOR 回路を基本とするこのような ROM のことを NOR 型 ROM と呼ぶ．

4 本のワード線の内の 1 本（今，それを A とする）を HIGH にして，残りの B，C，D を

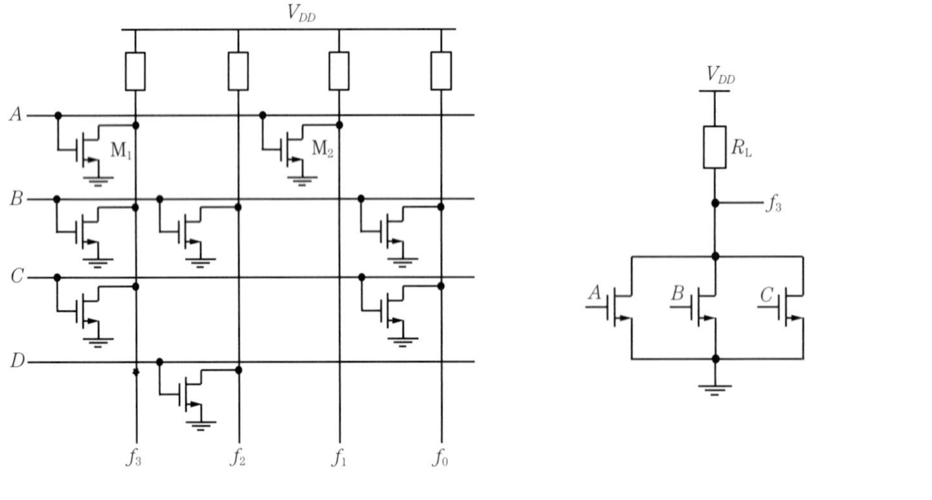

(a) 回　路　　(b) ビット出力 f_3 に対応する縦列のみを書き換えた回路(3 入力 NOR 回路)

図 **8.3**　**NOR 型 ROM** の例

LOW にする場合を考える．正論理を想定し，論理値の「1」を HIGH（$= V_{DD}$），論理値の「0」を HIGH（= 0 V（グランド））とする．ワード線 A が HIGH になると，それに接続された nMOSFET，M_1 と M_2，が ON となり，ビット線 f_3 と f_1 がグランドとつながる．すなわち，ビット線 f_3，f_2，f_1，f_0 の電位は LOW，HIGH，LOW，HIGH となり，「0101」が読み出せたことになる．同様にしてワード線 B を HIGH，残りをすべて LOW にすれば，ビット線 f_3，f_2，f_1，f_0 の電位は LOW，LOW，HIGH，LOW となり「0010」が読み出せたことになる．このように，nMOSFET があるセルでは「0」が，ないセルでは「1」が記憶として書き込まれており，それぞれのワード線を HIGH にすることで，各ワードが読み出せることになる．

nMOSFET とそれらを結ぶ配線は既に回路として作り込まれている．すなわち，nMOSFET の有無は製造工程で用いられるマスクのパターンで決まっていて，ユーザは変更できないため，記憶内容を変更することもできない．したがって，ユーザが記憶内容を読み出すことはできるが，書込みはできない．書込みができないのは不便であるように感じるかもしれないが，情報処理機器ではいつも決まった内容を読み出すことが必要で，誤ってそれが書き換えられるとむしろ困る場合がある．例えば，文字フォント情報や，算術演算のプログラムなどがこれに当たる．ROM はそれらの情報の記憶に利用されている．

〔2〕 **NAND 型 ROM**　図 **8.4** には NAND 回路を組み合わせて構成した 4 ワード/16 ビット **NAND 型 ROM** の例を示す．NOR 型と同様に 1 個の nMOSFET がメモリセル

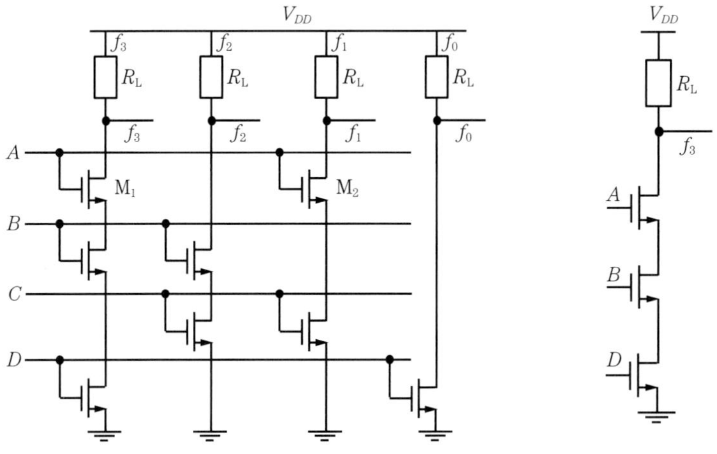

(a)　回　路　　(b)　ビット出力 f_3 に対応する縦列のみを書き換えた回路（3 入力 NAND 回路）

図 **8.4**　**NAND 型 ROM** の例

となっていて，その有無が1ビットの情報に対応している．このメモリで情報を読み出すには，4本のワード線の内の1本をLOWにして，残りをすべてHIGHにする．HIGHのワード線に接続されてたnMOSFETはONとなり，出力 f_3，f_2，f_1，f_0 をLOWにしようとする．一方，直列に接続されたnMOSFETの少なくとも一つがOFFであれば，対応する出力はHIGHになる．

例えば，ワード線Aだけを LOW にしたときを考える．ワード線Aに接続されたnMOSFETは M_1 と M_2 の二つあり，ワード線AがLOWになるとこれらがOFFとなり，出力 f_3 と f_1 がグランドから切り離される．他のワード線はHIGHなので，出力 f_2 と f_0 はグランドとつながっている．すなわち，出力 f_3，f_2，f_1，f_0 の電位はHIGH，LOW，HIGH，LOWとなり，NOR型と同様に正論理を想定すれば，「1010」が読み出せたことになる．同様にしてワード線BをLOW，残りをHIGHにすれば，出力 f_3，f_2，f_1，f_0 の電位はHIGH，HIGH，LOW，LOWとなり「1100」が読み出せたことになる．このように，nMOSFETがあるセルでは「1」が，ないセルでは「0」が記憶として書き込まれており，それぞれのワード線をLOWにすることで，各ワードが読み出せることになる．

〔3〕 **NOR型とNAND型の比較**　以上に説明したNOR型とNAND型のマスクROMでは回路の違いにより半導体基板上に作製された物理的な形状も異なり，それに起因した特徴がある．図8.3に示したように，NOR型ではすべてのnMOSFETのソースをグランドと接続する必要があり，そのためのスペースが必要である．一方，図8.4に示したように，NAND型ではnMOSFETが直列に接続されるため，NOR型のようにグランドに接続するためのスペースが少なくてすみ，小型化できる．同じ面積で比較すると，NAND型の方が大容量化に適しているといえる．一方，NAND型はその直列接続部分に半導体が使われるのに対して，NOR型では抵抗の低い金属配線を使うことができる．一般に抵抗が低いと回路の時定数は小さく，高速動作が可能になる．すなわちNOR型は高速動作に適しているといえる．

8.2.2　PROMとフラッシュメモリ

前節で説明したように，NOR型及びNAND型ROMではMOSFETの有無により1ビット情報を記憶する．例えばNOR型ROMではMOSFETがないセルはHIGH「1」，あるセルはLOW「0」を記憶していることがわかった．今，同じ構成のメモリ回路でユーザが記憶内容を変更できないか考える．

〔1〕 **EEPROM**　図5.14に示したnMOSFETの基本特性を振り返り，しきい値電圧に注目してみる．5.3節では，ゲート－ソース間の電圧がしきい値電圧より大きいとnMOSFET

はON状態に，しきい値電圧より小さいとnMOSFETはOFF状態になることを学んだ．言い換えると，同じゲート－ソース間電圧に対しては，しきい値電圧が高くなるとドレイン電流は小さくなり，しきい値が十分高ければそれが零，つまりnMOSFETがOFF状態になる．すなわちnMOSFETのドレイン－ソース間は開放状態と同等である．反対にしきい値電圧が低いとドレイン電流は大きくなり，しきい値が十分低ければnMOSFETは常にON状態になる．すなわちnMOSFETのドレイン－ソース間は短絡状態と同等であると見なせる．

このようなしきい値変化によるnMOSFETの状態変化を利用できれば，nMOSFETをすべてのセルに配置し，そのしきい値を調整することで常にOFF状態または常にON状態を実現することで，すべてのセルにMOSFETを配置したROMを作ることができる．その一例を**図8.5**に示す．これはNAND型ROMで，すべてのセルの部分にMOSFETを配置するものの，点線で示すnMOSFETではしきい値を十分に低く設定し，常にON状態にしている．このため，MOSFETのドレイン－ソース間が短絡状態と見なせるので，単に配線になったのと等価になる．その結果，この回路は図8.4で示したマスクROMと同じ情報を記憶しているメモリとして機能する．

NOR型ROMの場合には，MOSFETがないセルの部分にもMOSFETを配置するものの，そのしきい値を，ゲート－ソース間に通常印加する電圧より十分に高く設定しておけばよ

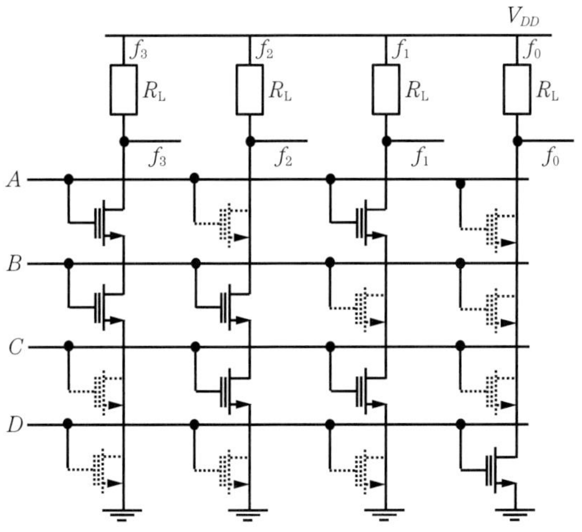

図8.5 すべてのセルに **MOSFET** を配置した **ROM** の例

い．このとき，nMOSFET は ON 状態になることがなく，常に OFF 状態であるから，ソース－ドレイン間が開放状態であり，MOSFET がないのと同じことになる．

このように MOSFET のしきい値を変えることで，実効的に MOSFET がある状態またはない状態を作りだし，記憶内容を変更できるようにした ROM のことを「プログラム可能な ROM（programmable ROM，**PROM**，ピーロム）」と呼ぶ．特に，特定の電圧を印加することで電気的に内容を変更できる ROM のことを「電気的に消去とプログラム可能な ROM（electrically erasable programmable ROM，**EEPROM**，イーイーピーロム）」と呼ぶ．ここで内容を変更することを「書込み」とはいわずに「プログラム」及び「消去」と呼ぶ理由については以下で説明する．

〔2〕 フローティングゲート FET　EEPROM に使われるしきい値可変 MOSFET の構造を**図 8.6** に示す．MOSFET のゲートと半導体の間にある絶縁膜の中に，第 2 のゲートを挿入した構造になっている．このゲートは外部のどの端子とも接続されていないことから**フローティングゲート**（floating gate，FG）と呼ばれ，このようなゲートを持つ MOSFET のことを FGMOSFET または単に **FGFET** と呼ぶ．FGFET では通常のゲートのことを制御ゲート（control gate，CG）と呼び，FG と区別する．

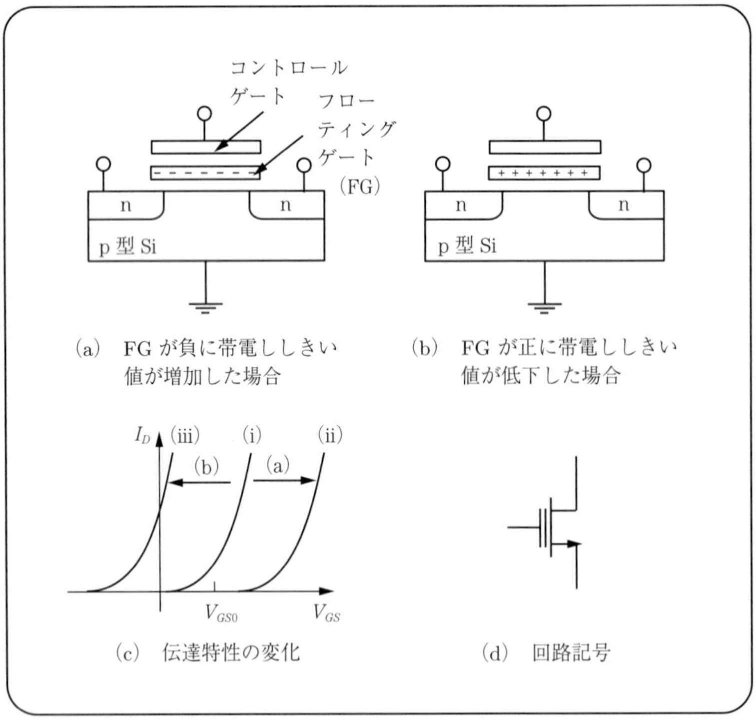

図 8.6　n チャネルフローティングゲート（FG）MOSFET

今，p 型基板を用いた n 型の FGFET を考える．まず，FG が帯電していない状態を考える．制御ゲートに正の電位を与えると FG の制御ゲート側（上側）に負電荷が誘起される．同時にこれを同じ量の正電荷が制御ゲートと反対側（下側）に誘起され，その結果，半導体表面に負電荷が誘起される．すなわち，n チャネルが形成され FGFET が ON 状態になる．これは通常の nMOSFET と同じ動作である．

今，図 (a) に示すように FG が負に帯電しているとする．この FGFET を ON 状態にしようとして制御ゲートに正電圧を印加すると，FG 中の負電荷は上側に引き寄せられる．もし負電荷の量が十分に多ければ負電荷は下側にも存在し，半導体表面の n チャネルの形成を阻止する．すなわち，通常の MOSFET なら ON 状態になるような電圧を制御ゲートに与えても FGFET は OFF 状態のままである．ON 状態にするためには，FG に蓄積している負電荷の作用を打ち消すだけの大きなゲート電圧を印加する必要がある．すなわち FG が負に帯電することでしきい値電圧が高くなる．

反対に図 (b) に示すように FG が正に帯電しているとする．これは通常の nMOSFET でゲートに正電圧を印加したのと同じ状態であり，正電荷の量が十分に多ければ，制御ゲートに正電圧を印加しなくても電子が半導体表面に誘起され，n チャネルが形成される．すなわちこの FGFET は常に ON 状態となる．

このように，p 型基板を用いた n 型の FGFET では FG が帯電していなければ通常の nMOSFET として動作し，FG を正に帯電させると常に ON 状態，負に帯電させると常に OFF 状態の nMOSFET として動作することがわかった．図 (c) にはゲート電圧 V_{GS} とドレイン電流 I_D の関係を示す†1．FG が負に帯電することで，FG が帯電していないときの特性 (i) と比較して (ii) は負に，(iii) は正に帯電したときの特性で，しきい値の変化に対応して右，左に移動している．0 から V_{GS0} の範囲でゲート – ソース間に電圧を印加したときには，(ii) では常に OFF 状態，(iii) では常に ON 状態として FGFET が機能することがわかる．

〔3〕 ホットエレクトロン　次に，FG の帯電状態を制御する方法について述べる．先にも説明したように FG は外部と接続されていないゲートである．より正確にいうと，通常の配線を通しては接続されていない．そのため，FG の帯電状態を変えるためには，以下で説明するように，ホットエレクトロン及びトンネル現象という FGFET 特有の手段を利用する†2．

ホットエレクトロンとは文字通り熱せられた電子を意味する．気体の温度が気体分子の平均運動エネルギーで決まるのと同様に，電子の温度も電子の平均運動エネルギーで決まる．

†1 図 5.14 (c) を参照のこと．

†2 トンネル現象を利用する他に，紫外線を照射して電子を FG から逃がす「消去とプログラム可能な ROM (erasable programmable ROM，EPROM)」と呼ばれるメモリも知られているが，現在ではあまり使用されなくなったので説明を省略する．

電子が強い電界で加速され大きな運動エネルギーを得ると，電子の温度が上昇する．そのように「加熱された」状態の電子集団のことを**ホットエレクトロン**と呼ぶ．

MOSFET でホットエレクトロンが出現する場所はチャネルの中でドレインに近い部分である．これはゲートで誘起された電子がドレイン－ソース間の電位差で加速された結果である．このとき，ドレイン－ソース間の電位差が十分大きく，図 5.5 (b) で示したポテンシャル障壁 ϕ_B（約 3 eV）より電子の運動エネルギーが大きくなると，電子がこの障壁を飛び越えてチャネル部分から FG へと移動できる．**図 8.7** (a)，図 (c) にその様子を示す．このようにして FG に電子をため，負に帯電させることができる．

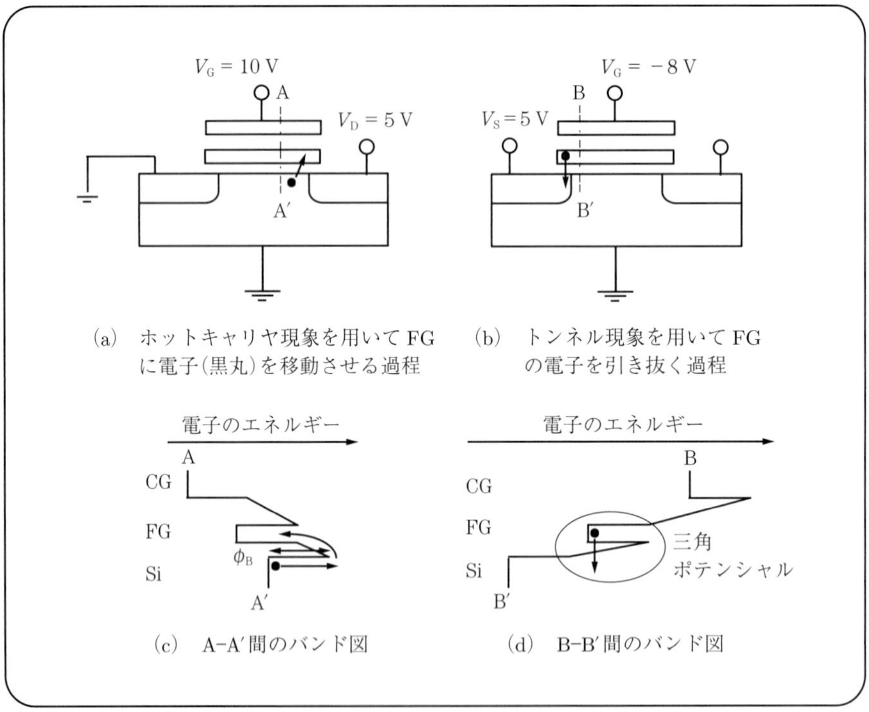

図 8.7　フローティングゲート（FG）MOSFET の
しきい値調節に必要な電子の移動過程

この現象を起こすには通常の動作電圧より大きなドレイン－ソース間電圧とゲート－ソース間電圧が必要なことに注意する．すなわち，通常の動作状態ではこの現象は起きず，負に帯電させたいとき，すなわち記憶内容を変更したいときだけ，特別に大きな電位差を与える．これが，単に「書込み」とはいわずに，「プログラム」または「消去」と呼ぶ理由である．後で説明する RAM では，通常の動作電圧で記憶内容が書き換わるように，セル構造を工夫している．

〔4〕　**トンネル現象**　　フローティングゲートにある電子を引き抜き，チャネルに戻すときにはホットエレクトロン現象を利用することはできない．FG の中の電子を電界で加速させ

ることはできないからである．そこで，電子が本来は古典力学ではなく量子力学に従うことに着目し，量子力学特有の**トンネル現象**を利用する．

古典力学的に考えれば，電子の持っているエネルギーよりポテンシャル障壁が高ければ電子が障壁を越えて移動することはできない．しかし，量子力学によれば，障壁厚さが十分に薄い場合，電子の持っている波としての性質により，ある確率で電子が障壁を通り抜けることが可能で，その確率は障壁厚さの逆数に指数関数的に依存して高くなることが知られている．すなわち障壁厚さが十分に薄くなると電子は障壁を通り抜けやすくなる．これを利用して，FG から電子をチャネル側に抜き取ることができる．

そのために，FG の構造の一部がチャネル部分と近接するように，FG とチャネル間の絶縁膜厚が薄く加工されている．通常の動作状態ではこの近接部分からのトンネルは起きないが，FG とチャネル間に十分に大きな電位差を与えるとポテンシャル障壁が図 (d) に示すように三角形になり，トンネル障壁が実効的に薄くなる結果，電子がトンネルしやすくなる†．

この現象は帯電していない FG から電子を引き抜き，FG を正に帯電させることも可能であることに注意する．また，トンネルに必要な電位差は通常動作に必要な電圧と比較して十分に大きい値であることにも注意したい．このため通常の読出し動作中に記憶内容が変わる可能性は全くない．記憶内容を変更するプログラム，あるいは消去の動作では，通常の読出し動作を中断して，トンネルやホットエレクトロンの発生に必要な十分に大きな電位差を FGFET に与える必要があることにも注意する必要がある．

〔5〕 フラッシュメモリ　このようにして，n 型 FGFET ではホットエレクトロンを用いて FG を負に帯電させてしきい値電圧を高くしたり，トンネル現象を用いて FG から電子を引き抜いてしきい値電圧を元に戻したりして，電気信号によるプログラムや消去を可能としている．USB メモリや携帯電話，デジタルカメラに広く利用されている**フラッシュメモリ**も，EEPROM の一種である．

ROM に NAND 型と NOR 型があったように，EEPROM やフラッシュメモリにも NAND 型と NOR 型がある．それらの構造は，それぞれの ROM の FET を FGFET に変えただけで，前節で説明したそれらの特徴もそのまま当てはまる．すなわち，NOR 型フラッシュメモリは高速動作に適していて，各種プログラムの格納に利用されている．一方，NAND 型フラッシュメモリは大容量化に適しており，画像や音声データの格納に利用される．最近では携帯型ディジタル機器を中心に大容量メモリが重要な役割を果たしており，NAND 型フラッシュメモリが注目を集めている．

† 三角ポテンシャルでのトンネル現象のことを特に**ファウラー・ノルドハイム**（Fawler-Nordheim）**トンネル**と呼ぶ．ある電位差以上で急激にトンネル確率が増大し，電子が FG からチャネルに逃げ出すことができるようになる．

一度 FG が正または負に帯電すると，FGFET に印加していた電圧を零にしても，その帯電状態は持続されることに注意する．一度 FG に移動した電子は，FG の周囲にある絶縁膜による高いポテンシャル障壁のため，通常の動作状態では外に逃げ出すことができないからである．すなわち，装置のスイッチを切っても記憶内容は消えない．このような特徴を持つメモリのことを**不揮発性メモリ**と呼ぶ．これに対して，後で説明する SRAM や DRAM では素子に印加した電圧を零にすると，記憶内容が失われるので揮発性メモリと呼ばれる．

最後に**多値メモリ**について紹介する．これまでの説明からわかるように，ROM では FET の有無が情報内容を表していたので，メモリセルで記憶できる情報は 1 ビットに限られていた．しかし，FGFET で記憶できるのは 1 ビットに限らない．例えば，FG に溜める電子数を 3 段階に変化させると，しきい値の変化も 3 段階になる．これを検出する回路を周辺回路として付加すれば，変化なしの場合も含めると一つのメモリセルに 4 通りの情報をすなわち 2 ビット（4 値）情報を格納できる．この技術は既に実用化されていて，同じメモリセル数で格納できる情報量を増加させた，大容量メモリの実現に役立っている．

8.3 RAM

前節で説明した EEPROM では記憶内容を変更できるが，そのために通常動作では使わない高い印加電圧が必要であった．これに対して，通常の読出し動作と同じ値の電圧で書込み動作が可能であるメモリ回路（read/write memory）の説明をする．

この種のメモリは**ランダムアクセスメモリ**（random access memory，**RAM**，ラム）と呼ばれることも多く，ここでもその呼び方を使うことにする．本来，RAM とは，DVD や CD のように，記憶媒体における特定の場所から連続的に配置されている記憶内容を，順々に読み出していく**順序メモリ**（sequential memory）と対比させて用いられていた術語で，アドレスデータを外部から与えることにより任意の場所のメモリセルを指定し，その記憶内容に直接アクセスできるメモリを意味する．この意味では前節で説明した ROM も RAM といっても間違いではないが，実際にはその中でも，読み書き可能なものに限って RAM という名称を用い，ROM と区別している．

RAM には static RAM（SRAM）と dynamic RAM（DRAM）がある．あえて日本語に訳す場合には，それぞれ「記憶保持動作が不要な随時書込み読出しできる半導体記憶回路」，「記憶保持動作が必要な随時書込み読出しできる半導体記憶回路」という用語が用いられるが，通常はそのまま読み下して，エスラム，ディーラムと呼ばれることが多い．ここでもそのまま SRAM，DRAM と書くことにする．

8.3.1 SRAM

SRAM のメモリセルは，**図 8.8** に示すとおり 2 個の CMOS インバータからなり，一方の出力が他方の入力と接続されている．この図で，もし上のインバータの出力が LOW だったとすると，下のインバータの出力が HIGH になり，それが上のインバータの入力になることで，安定した状態が実現される†．それとは逆に上のインバータの出力が HIGH だったとすると，下のインバータの出力が LOW となる．すなわち，この回路には二つの安定状態があり，それぞれを「0」及び「1」に対応させることで，1 ビットの情報を記憶させることができる．

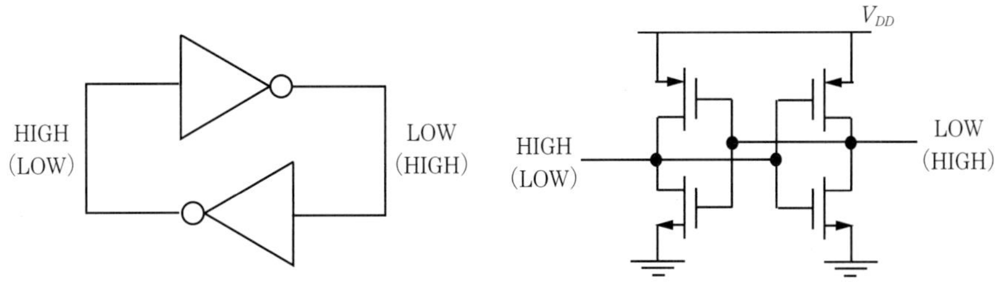

(a)　論理記号で表した回路　　(b)　トランジスタで表した回路

図 8.8　SRAM セル

実際には外部と記憶情報のやりとりをする必要があるため，**図 8.9** (a) のようにメモリセルを 2 本のビット線，ビット線 1 及びビット線 2，と接続する．そのとき，スイッチとして機能する 2 個の MOSFET，M_3 と M_4，を用いる．これらのゲートはワード線と接続され，そのワードを用いて他のワードの記憶内容と混ざらないようにする．すなわち，ワード線が HIGH のときだけスイッチが ON 状態になり，メモリセルの内容に外部からアクセスすることが可能になる．このように，SRAM セルは 6 個のトランジスタから構成される．図 (b) に示すように，ワード線を HIGH にすると同時に記憶させたい情報（DATA 信号）を 2 本のビット線に与えることで書き込むことができる（「1」書込み）．メモリセルの内容を読み出すためには，対応するワード線を HIGH にしてメモリセルのノードを 2 本のビット線に接続す

† リング発振器では奇数個のインバータがリング状に接続されていたことを思い出して欲しい．その場合は各ノード電圧は HIGH と LOW を繰り返し，安定状態にはならない．

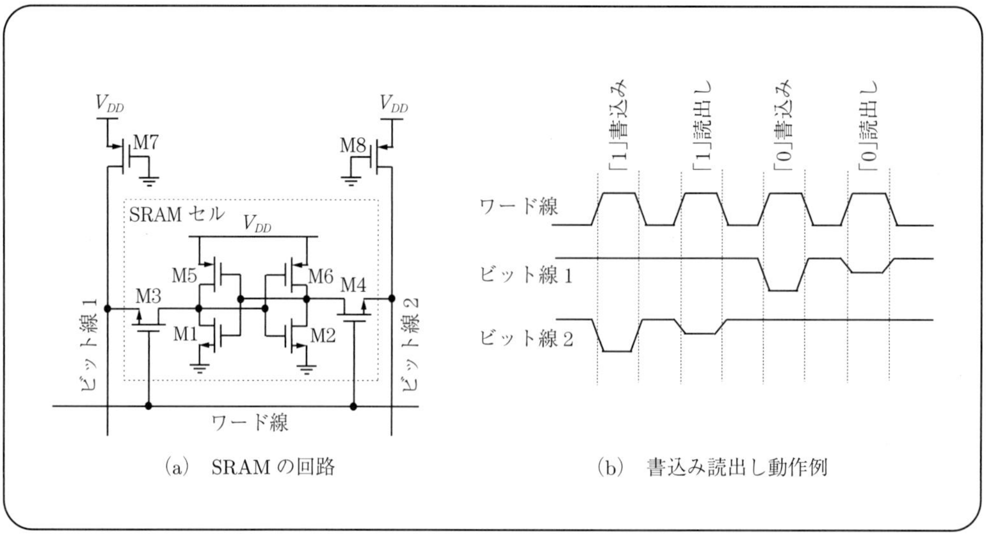

図 8.9　SRAM の回路と書込み読出し動作例

る．このときノードの電圧に対応する電位差がビット線に現れるため，その差を増幅器でレベル再生することで，外部回路に 1 ビット情報を伝えることができる（「1」読出し）．2 本のビット線の HIGH，LOW を入れ替えることで「0」情報を書き込むことができる．もちろん，どちらが「0」，「1」に対応するのか予め決めてあれば，図 (b) でビット線に与える HIGH と LOW の信号がこの逆でもよい．

ここまでの説明で明らかなように，SRAM のメモリセルは，CPU などで使われている CMOS 論理回路で使われる nMOSFET と pMOSFET と同じものを使い，電圧レベル，信号レベルも同じである．すなわち，EEPROM のプログラムや消去のように特別な値の高い電圧を必要とせず，CPU と同程度の速度で動作する．このため，CPU からの直接記憶内容の読み出し書き込みが可能であり，**キャッシュメモリ**として利用されている．その反面，6 個のトランジスタが必要であり，このためメモリセルの面積が大きく，大容量化には向かない．また，ROM や EEPROM と異なり揮発性メモリである．つまり，電源を OFF にすると記憶内容は失われる．これは回路を見れば明らかである．

8.3.2　DRAM

次にパソコンなどの情報機器のメインメモリとして使用されている **DRAM** について説明する．**図 8.10** にそのメモリセルを示す．その歴史をたどると，SRAM のメモリセル面積を小さくし，大容量化を実現するためにトランジスタ数を削減する取組みの中で，最終的にこの形，すなわち 1 トランジスタ 1 容量，に落ち着いたことがわかる．そのための代償とし

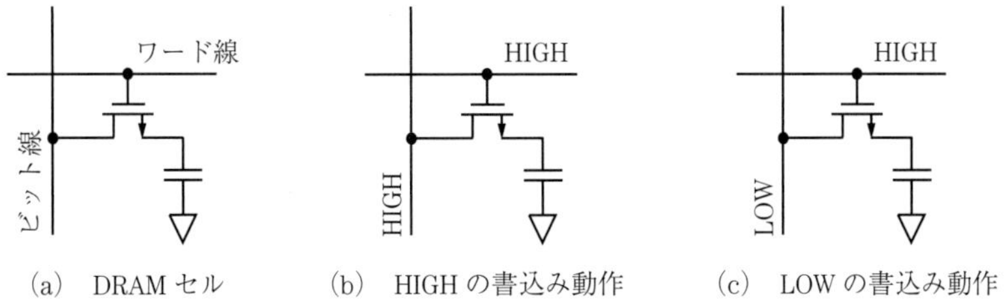

図 8.10 DRAM のメモリセル

て，後で説明するとおり，時間とともに記憶容量が失われるため，**リフレッシュ**と呼ばれる定期的な再書込み（記憶保持動作）が必要となった．状態が時間とともに変化するため，動的という意味でダイナミック（D）が名称に付加されている．

情報は容量に電荷の形で蓄えられる．例えば容量が充電されていれば「1」，放電状態で電荷が存在しなければ「0」に対応させることができる．ワード線を HIGH にすることで MOSFET が ON 状態になり，外部からメモリセルへのアクセスが可能になる．このとき，外部データをビット線に与えると書込み動作となる．ビット線が HIGH なら容量が充電され，「1」が書き込まれたことになる．また，ビット線が LOW なら容量が放電され，「0」が書き込まれたことになる．

一方，ビット線の電位が HIGH か LOW かを検出するので，記憶情報を読み出すことができる．ただし，書込み時にビット線に与えた HIGH や LOW の電圧がそのまま読み出せる訳ではない．**図 8.11** を用いてその理由を説明する．大量の情報を記憶できるように，メモリセルの面積はできるだけ小さくする必要がある．そのため，メモリセルの容量 C_C も小さくなり，蓄えられた電荷量も小さい．これに対してビット線は長く，大きな寄生容量 C_B を持つ．このため，読出し動作時にセルとビット線が接続され，メモリセル容量とビット線寄生容量の間で電荷の再配分が起きる．最終的なビット線の電位 V_b は書込み電圧が容量比で分配されて

$$V_b = \frac{C_C}{C_C + C_B} V_{DD} \ll V_{DD} \tag{8.1}$$

で与えられる．すわなち，ビット線にはメモリ内容を反映した電圧変化が起きるものの，その変化は非常に小さい．そこで，「0」，「1」のディジタル出力として外部へ情報を出力するために**センスアンプ**が必要になる．小さい電圧変化を正確に検知するため，ビット線 d に接続された**ダミーセル**という容量 C_D が他のメモリセルの半分の特別なセルを用いる．メモリセ

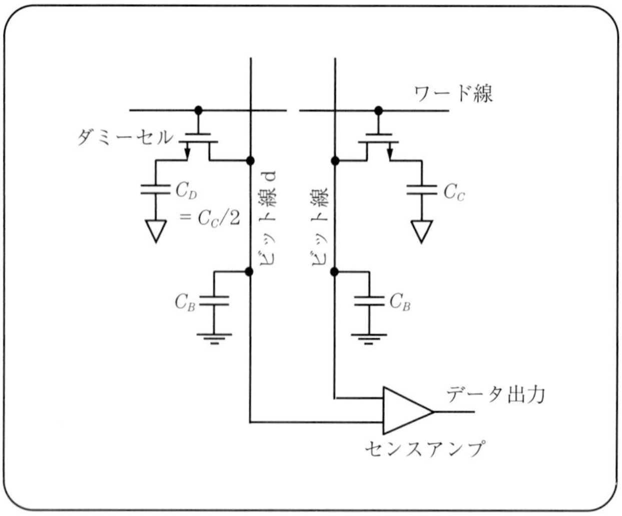

図 8.11　DRAM の読出し回路

ルが接続されビット線と，ダミーセルが接続されたビット線 d の電位差をセンスアンプで検出することで正確な読出し動作が可能になる．ディジタル回路にもセンスアンプというアナログ増幅器が使われていることは覚えておいて欲しい．

DRAM メモリセルの構造を図 **8.12** に示す．MOSFET と容量を一体化し，セル面積が可能な限り小さくなるように工夫されている．多くの情報を記憶できる大容量記憶回路を実現する上で最重要課題である．そのような面積的な制約がある中で，センスアンプを用いるにしても正確な読出しを可能にするためにはメモリセルの容量を大きくする必要がある．そのためには容量の電極の表面積を広くする必要があり，Si 基板に溝（トレンチ）を掘り，そこに電極を埋め込んだり，基板上に立体構造を有する電極を形成するなどの技術が開発された．前者をトレンチ型，後者をスタック型と呼ぶ．いずれの場合も，通常の CMOS 論理回路の製造過程では使われない特別な技術が必要なため，論理回路とメモリ回路とは別々の集積回路として製造，販売されることが多い．

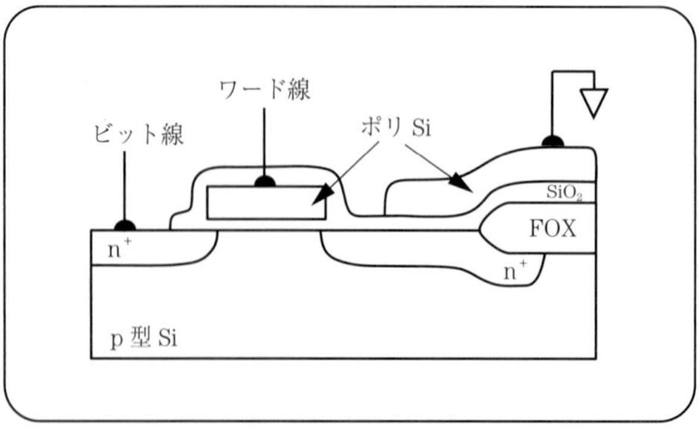

図 8.12　DRAM セルの構造

これまでに述べてきたように，1個のトランジスタと1個の容量で構成されるため，メモリセルの面積が小さく，大容量化に適していることがDRAMの最大の特徴である．しかし，センスアンプが必要でアクセス時間がSRAMと比較して長い．また，メモリセル，特に容量製造プロセスが，CPUなどで使われているCMOS論理回路とは異なるため，普通はCPUとは別の単独の製造設備を使用する．更に，SRAMと同じで**揮発性メモリ**である．つまり，電源をOFFにすると記憶内容は失われる．これは回路図から明らかである．このような特徴を生かして，DRAMは情報機器の**メインメモリ**として広く利用されている．**表8.1**にSRAMとの比較をまとめた．

表8.1　SRAMとDRAMの比較

	SRAM	DRAM
素子数	6 Tr	1 Tr + 1 C
セル面積	大	小
動作速度	高速	やや遅い
応用例	キャッシュメモリ	メインメモリ

容量に蓄えられた電荷は，物理的に避けられないリーク電流により，時間とともに徐々にではあるが減少する．長時間放置すると記憶内容が失われるため，定期的に内容を書き直す必要がある．これをリフレッシュと呼ぶ．しかしそれに必要な間隔は十分に長く，メモリ周辺回路で自動的に処理するため，ユーザがそれに気づくことはない．

DRAMの記憶容量が意図せずに書き換わってしまう**ソフトエラー**という問題が知られている．原因は放射線であり，半導体中を貫通するときに大量のキャリヤを発生させることに起因する．このためリーク電流が発生し，容量が放電するため記憶内容が失われる．これを防ぐためにはシールド対策をするほか，チップを格納するパッケージに含まれる放射性同位元素を取り除く必要がある．

また，読取り間違えを防ぐためデータに誤り訂正符号を付加して記憶させたり，必要な数より多めのメモリセルを予めチップ上に作り込んでおいて，必要に応じて不良セルと置き換えて使用するなどの**冗長性**を持たせた回路設計が採用されている．

本章のまとめ

MOSFETを用いたメモリ（記憶回路）について，構成と動作原理，特徴について説明した．

❶ マスクROMは製造工程でパターン転写に使用するマスク形状でMOSFETの配置が決まり，記憶内容も決まる読出し専用メモリである．論理回路との類似性からNOR型とNAND型があり，前者は高速動作，後者は大容量化に適している．

❷ FGMOS はフローティングゲート（FG）の帯電状態でしきい値を変えることができる MOSFET で，実効的に MOSFET の有無を決めることになるので，ユーザが記憶内容を変えること（プログラム）ができるメモリである．しきい値を変えるためにホットエレクトロン現象やトンネル現象が利用されている．このために通常の読出し動作で必要な値より高い電圧を利用する．

❸ FGFET を用いたメモリは電源を切っても記憶内容が消えないため，不揮発性メモリと呼ばれ，フラッシュメモリに広く利用されている．近年の素子微細化に伴い大容量化に適した NAND 型が注目されている．

❹ SRAM 及び DRAM は通常の読出し動作と同じ電圧で書込みできることが特徴である．特に SRAM は CMOS 論理回路と基本的には同じ構成であり，高速動作が可能なためキャッシュメモリに使用される．通常 6 個の MOSFET から構成されるため，大容量化には難がある．一方 DRAM は 1 個の MOSFET と容量から構成され，大容量化に適しているため，メインメモリとして広く利用されている．

●理解度の確認●

問 8.1　図 8.3 でワード線 C のみが HIGH のとき読み出せる 4 ビットワードは何か？また，ワード線 D のみが HIGH のときにはどうか？

問 8.2　記憶内容を変えることができるメモリでは，内容の書き換えと保持という相反する機能を同時に実現する必要がある．この章で説明した各メモリセルではどのような手段でそれを可能にしていたか，説明せよ．

問 8.3　図 8.3 の NOR 型 ROM の 4 個のワードを指定するのに外部から 2 ビットのアドレス情報を与えるとする．このときで必要なデコーダ回路を 7 章を参考にしながら構成せよ．

問 8.4　発展課題：近年，様々な物理現象を活用した不揮発性メモリセルが開発されている．どのようなセルが提案されているか，それらの特徴は何か，文献やインターネットで調べてみよ．

9 まとめと今後の展望

本章では，これまでの説明を踏まえて，これまでの電子デバイスの発展の経緯を振り返り，それに基づく今後の電子デバイスの展望を述べる．

9.1 電子デバイスをめぐる大きな流れ

電子デバイスを巡る大きな流れを図 **9.1** に示す．長い目で見ると，トランジスタ発明のもととなった半導体研究の歴史は 19 世紀中頃まで遡ることができる．その頃には，電気伝導率が導体と絶縁体の中間の値（図 3.1）になる物質の存在が知られており，それが今日の半導体である．半導体の電気的な特性を明らかにし，それを用いたデバイスを実現するには，原子スケールの微視的な理解が不可欠であった．このようなミクロの世界を支配する物理法則を記述する量子力学が確立したのが 20 世紀前半で，その知見に基づき，デバイス応用に必要な半導体や金属/半導体（M/S）接合，MOS 構造などの性質が明らかにされ，デバイス作製やその高性能化を進める上での技術的基盤となった．

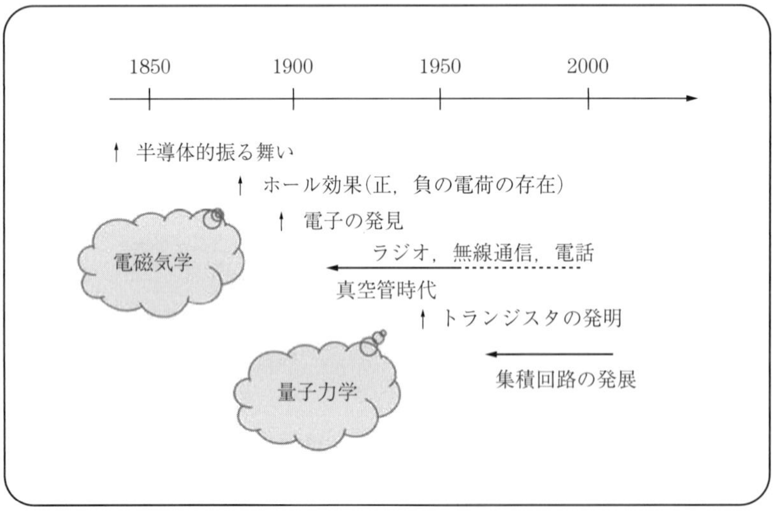

図 9.1　電子デバイスをめぐる大きな流れ

1947 年のトランジスタの発明に端を発し，20 世紀後半には多数のトランジスタを半導体基板上に搭載した集積回路の開発が進み，今日の我々はその技術の恩恵にあずかっている．半導体技術は世の中の情報化を促進する原動力となり，我々の生活にかつてないほどの大きなインパクトを与えたといっても過言ではないだろう．

奇妙に思えるかもしれないが，電子の存在が確認されたのも 20 世紀になってからである．電界を加えることで，金属から電子を真空中で引き出すことに成功した．この技術が真空中での電子の流れ，すなわち電流，を電圧で制御する**真空管**の発明につながった．図 **9.2** (a) に示すように，真空管は，ガラスで封じた真空中に陽極，陰極，グリッドなどの電極が配置されたもので，熱せられた陰極から電子が真空中に飛び出し，正電位を与えた陽極でその電子を集めることで，これらの電極間に電流を流す．陰極と陽極の間に挿入された電極がグリッド（金網）で，その電位を変化させることで，グリッドを通り抜ける電子の流れを制御することができた．すなわち，グリッド電圧の調節で電流の制御が可能になる．これは 2 章で説明したモデルデバイスの一形態に他ならない．

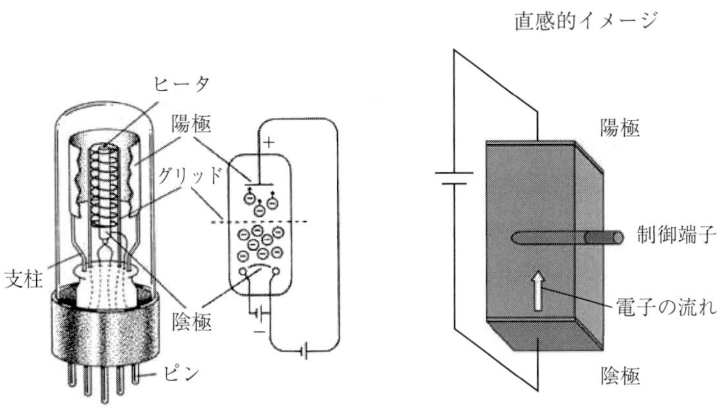

(a) 真空管　(b) 固体素子

図 9.2 真空管から固体素子へ

20 世紀前半には，ラジオ，テレビ，電信電話などのサービスが始まっており，それらに必要な送受信機には真空管が使われていた．真空管を用いたコンピュータも試作され，複雑な微分方程式の数値解法などに用いられ始めた．これらの応用範囲が広がるとともに，真空管の発熱，信頼性（壊れやすさ）などの問題点が次々と明らかになった．それを解決するための手段として，真空菅の電気的な機能をそのまま固体の中に埋め込んだデバイスを実現しようとする模索が始まった．第 2 次世界大戦の前後のことで，トランジスタ発明につながる素子「固体化」の取組みである．ちなみに，電子デバイスの分野で使われる「固体」とは，原子が周期的に配列された結晶を意味し，今日では主にシリコン（Si）を意味することが多い．

量子力学の発展とともに，半導体の電気的な振る舞いが徐々に解明された．それまでは全く考えられてこなかった半導体のバンド構造や，不純物添加による電気特性制御の仕組みが明らかになった．3 章で説明した半導体におけるキャリヤの振る舞いは，このころに明らかにされたものである．

図 (b) には，真空管を固体化した素子のイメージ図を示す．陰極，陽極，グリッドを真空管の場合と同様に配置し，真空であった部分を適当な物質で埋めた構造である．この物質が導体だと電流が流れすぎて制御できない．絶縁体では電流そのものが流れないので，その中間的な導電率を有する物質，すなわち，半導体が必要となる．半導体に突き刺した制御端子の電位を変化させることで，陰極から陽極に流れる電子の流れを制御しようとする構造である．

より固体化に適した構造は図 5.2 に示した MOSFET の構造である．しかしながら，当初，この構造の素子を動作させることはできなかった．その原因として考えられたのが半導体の**表面準位**の仮説である．表面準位があると，例え電界で半導体表面に電子が誘起されたとしても，その場に捕獲（トラップ）され動けないため，電流が流れることもない，と考えられた．そこでデバイス開発の前に表面準位の解明が先であると考え，ベル研究所の**バーディーンとブラッテン**は，図 **9.3** (a) に示すような，半導体に 2 本の探針をあて，左側の探針で半導体表面の電位を変化させながら，右側の探針に流れる電流を注意深く測定するという実験を進めた．その過程で，左側の探針に与えた電圧により，右側を流れる電流が大きく変化する，といういわゆるトランジスタ作用が発見されたのである．1947 年 12 月のことであった．トランジスタの語源については 5 章の談話室で述べたとおりである．

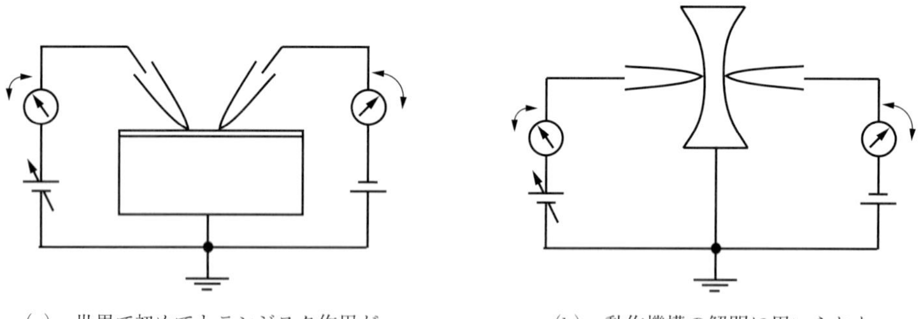

(a)　世界で初めてトランジスタ作用が実証されたポイントコンタクト型トランジスタ

(b)　動作機構の解明に用いられたトランジスタ構造

図 **9.3**　発明当初のトランジスタ

トランジスタ発明の半年後に記者会見が開かれ，トランジスタを用いた増幅器が実演されたようである．その後の今日までの驚異的な発展をその当時予測できた人はいたであろうか．実際，トランジスタの発明は小さな記事で紹介されただけだった．

図 (a) に示した発明当初のトランジスタは，その構造上の特徴から**ポイントコンタクト**（点接触）**型トランジスタ**と呼ばれた．基板には n 型のゲルマニウムを用いていたが，その表面には薄い p 型層ができていて，4 章で説明した pn 接合が素子動作に関与していることが考えられた．ベル研究所の**ショックレー**はそれを理論としてまとめた上で，pn 接合を積極的に利用した，6 章で説明した BJT を提案した．それはすぐ実現され，ほぼ理論通りの特性が確認された．**接合型トランジスタ**と呼ばれるものである．探針を半導体に触れさせるポイントコンタクト型と比較して，物理的な構造が安定しており，比較的信頼性の高い素子が得られたことから，量産化の検討も進んだ．その後，製造方法には様々な工夫が加えられ，高性能化が図られたが，素子構造の基本である npn または pnp のサンドイッチ構造は変わることなく今日まで利用されている．図 (b) に示す構造は，図 (a) で探針の間を流れた電流が表面を伝ったものではなく，半導体内部に拡がっていることを証明する実験に用いられたもので，その結果によってもショックレー理論の正しさが検証された．トランジスタ発明前後の技術の流れをまとめて**図 9.4** に示す．

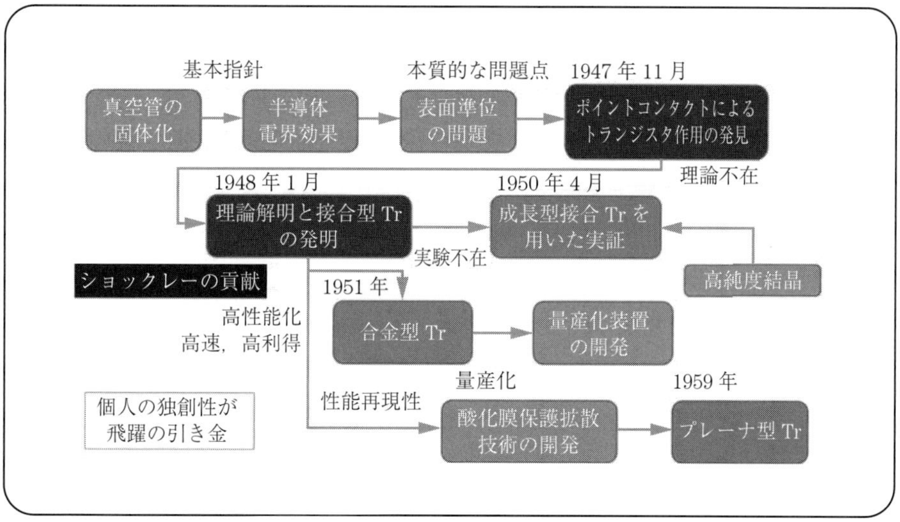

図 9.4　トランジスタの発明から集積回路へ

当初目標としていた電界効果に基づくものではなく，その鍵を握っていたのは pnp または npn サンドイッチ構造であり，4 章で説明した少数キャリヤの注入にあった．真空管動作に似せた MOSFET を作ろうとしていたのに，実現できたのは動作原理が全く異なる BJT であった，というわけである．

ところがその後再び MOSFET が生き返ることになる．それを可能にしたのは BJT 製造プロセスの改善で培われた半導体表面の安定化技術である．6 章で説明したように BJT の基本動作には pn 接合が関与しているが，実際の構造では図 6.1 で示したとおり，pn 接合の端が表面（空気中）に露出していて，表面準位が BJT 性能向上にも関わっていることが次第に明らかになった．その影響を抑え，ほぼ理想の pn 接合特性を得るために有効であった手段が，シリコン表面を酸化膜 SiO_2 で覆うことであった．BJT 製造工程で明らかになったこの手法は，やがて MOSFET の復活へとつながる．すなわち，SiO_2 をゲート絶縁膜として利用する MOSFET 構造が実現され，初期の目標であった電界効果を使ったトランジスタの実現に漕ぎ着けたのであった．

このように 5 章で述べた MOSFET は歴史的には BJT の後で実現されたものであった．しかし，MOSFET は構造が 2 次元的で，3 次元的な BJT と比較して製造工程が容易であり，集積回路に適していた．更に，7 章で説明した CMOS の際だった特徴である低消費電力動作とスケール則が，BJT 集積回路に対する MOSFET の優位性を決定的なものにした．

ベル研究所でトランジスタ開発に携わったプロジェクトチームは，真空管の固体化という明確な目的の下で，いろいろな分野から専門家を集め，研究開発を進めるという，その後，企業の研究所を中心に広まったプロジェクト開発のさきがけであったと考えることができる．結晶の専門家が，高純度のゲルマニウムやシリコンを製造する技術を確立したことがトランジスタの進展に必須であったし，トランジスタを組み込んだ回路の設計者も重要な役割を果たした．

9.2 トランジスタから集積回路へ

トランジスタの発明がその後の飛躍的な発展につながった．マイクロエレクトロニクス革命とも呼ばれる．原理がわかると，高性能化や，再現性を確保したり，量産/低価格化への道が自然に開けると思われがちであるが，実際は，それは必ずしも平坦な道のりではなく，むしろそれは，別の意味で大規模なリソースの投資が必要であった．

7 章及び 8 章で説明してきた集積回路は，一つのシリコン基板上に複数のトランジスタを作り込み，それを配線でつないで，基板上で回路を構成したものである．トランジスタの発明に遅れること 10 年余り，テキサスインスツルメントの**キルビー**（1959 年），フェアチャイルドの**ノイス**（1961 年）によりそれぞれ形の異なる集積回路が提案された．後者のプレーナ構造が現在の集積回路に引き継がれている．トランジスタの良品率が低い時代には，複数個のトランジスタが同時に動作する確率は，もしそれらが独立事象であれば，数が増えるほどべき関数で低下するため，集積回路を作っても動作させるのは難しい，と考えられていたようである．しかし，実際に作ってみると同じ製造工程を経た複数のトランジスタがすべて動作する確率が予想以上に高く，製造技術の改善により，次第に回路に搭載できるトランジス

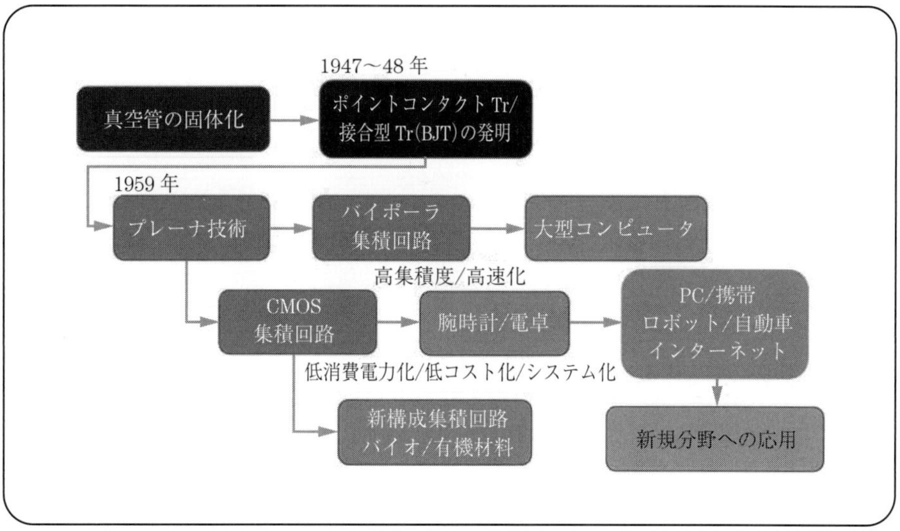

図 9.5 集積回路の展開

タ数が増加していった．その後の発展の概要を**図 9.5** にまとめた．

1965 年に初期の集積回路に搭載された素子数増加の傾向を外挿する形で，集積回路に搭載される素子数が時間とともに指数関数的に増加する，という有名な「**ムーアの法則**（経験則）」が発表された†．

その後今日に至るまでの半導体集積回路の歴史は，ひたすら微細化，高集積化の追求にあったといってよい．ムーア則を守るように半導体業界が一丸となって莫大な投資を進め，激しい研究開発競争にしのぎを削ってきた．集積回路のユーザにとっても，ムーア則は将来の技術進展を見据えた上で新しいシステムやサービスの開発目標を設定する上で，強力なガイドラインになった．その結果，我々の日常生活に大きなインパクトを与えた．これほどまでに大きなインパクトを与えた科学技術はかつてなかった，といっても過言ではないだろう．さすがに最近になって，素子の動作原理，製造工程，経済性などいろいろな面で限界が見えてきている．

微細化の限界は，これからの電子デバイス，集積回路の進路にどのような影響をもたらすのであろうか．おそらく，集積回路が製品やシステムの一部，あるいはシステムそのものとして，一般のユーザにとっては，トランジスタや集積回路を利用しているという実感を伴わず，「見えない」かたちで，日常生活に更に浸透することになるであろう．モータ駆動制御やスマートグリッドなどによる省エネ化の期待が高いが，実はその制御を可能にしているものは半導体集積回路である．自動車の燃費向上や家電製品の電気使用量低減化も電子デバイスを用いたきめ細かい制御によって可能になったものである．このような利用範囲がますます

† 類似の指摘が他にもあったようであるが，今日では一般にこの呼び名で知られている．

広がると想像できる．

一方で，シリコンに代わる変わる新しい半導体材料を利用した電子デバイスの研究も進められている．そこでは，これまでシリコンで蓄積された，またここで説明してきたデバイス技術が，重要な開発指針となるであろう．

このように電子デバイスは現在ありとあらゆる場所で必要不可欠な部品，システムとなるまでに成長し，今後も更に発展して行くであろう．この本がその一助になれば，と願っている．

引用・参考文献

本書を執筆するにあたり下記の文献を参考にした．1) は古典的な名著であり，著者はこの本で電子デバイスを勉強した．その意味でお世話になった本である．2) はどちらかというと辞書的な本であるが国際的スタンダードとして知られている．3) は同じ著者による参考書である．日本語なので読みやすいかもしれない．製造工程までカバーしている．半導体に関する電子物性に興味を持った方は 4) を参照して頂きたい．5) は集積回路に関するミリオンセラーの国際的な教科書．6) はトランジスタの発展の歴史が興味深く書かれた本で，9 章の執筆にあたり参考にさせて頂いた．

また，電子デバイスの分野で，本書ではカバーしきれなかった領域を学びたい読者のために，以下の参考文献を挙げる．化合物半導体を用いた高速電子デバイスに関しては 7)，集積回路に関しては 8) 及び 9)，電力用半導体デバイスについては 10)，薄膜トランジスタに関しては 2)，3) を，その他の光デバイス，電子管，表示デバイス，センサデバイスについては 11) を，それぞれ参照して頂きたい．

1) 古川静二郎：半導体デバイス（電子情報通信学会大学シリーズ E-1），コロナ社 (1982)

2) Simon M. Sze, Kwok K. Ng：Physics of Semiconductor Devices, John Wiley & Sons (2007)

3) S.M. ジィー 著，南日康夫，川辺光央，長谷川文夫 訳：半導体デバイス—基礎理論とプロセス技術（第 2 版），産業図書 (2004)

4) C. キッテル 著，宇野良清，森田　章，津屋　昇，山下次郎 訳：キッテル固体物理学入門〈上，下〉，丸善 (1998)

5) Adel S. Sedra, Kenneth C. Smith：Microelectronic Circuits, Sixth Edition, Oxford University Press (2010)

6) Bo Lojek：History of Semiconductor Engineering, Springer (2007)

7) 中村　徹，三島友義：超高速エレクトロニクス（電子情報通信レクチャーシリーズ D-18）コロナ社 (2003)

8) 岩田　穆：VLSI 工学 基礎・設計編（電子情報通信レクチャーシリーズ D-17）コロナ社 (2006)

9) 角南英夫：VLSI 工学 製造プロセス編（電子情報通信レクチャーシリーズ D-27）コロナ社 (2006)

10) 山本秀和：パワーデバイス，コロナ社 (2012)

11) 佐々木昭夫 編著：電子デバイス工学，昭晃堂 (1985)

索　　引

——著者略歴——

和保　孝夫（わほ　たかお）

1975年　早稲田大学大学院理工学研究科修士課程修了
（物理学および応用物理学専攻）

1978年　理学博士（早稲田大学）
現在，上智大学教授

電子デバイス

Electron Devices

2013 年 5 月 10 日　初版第 1 刷発行
2017 年 1 月 30 日　初版第 2 刷発行

検印省略

編　者　一般社団法人
電子情報通信学会
http://www.ieice.org/
著　者　和　保　孝　夫
発行者　株式会社　コ　ロ　ナ　社
代 表 者　牛　来　真　也
印刷所　三美印刷株式会社
製本所　株式会社　グ　リ　ー　ン

112–0011　東京都文京区千石 4–46–10
発行所　株式会社　コ　ロ　ナ　社
CORONA PUBLISHING CO., LTD.
Tokyo Japan
振替 00140–8–14844・電話(03)3941–3131(代)
ホームページ　http://www.coronasha.co.jp

ISBN 978–4–339–01848–6　C3355　Printed in Japan